Thomas Riegler

Haussteuerung selbst planen und einfach installieren

FRANZIS
DO IT YOURSELF
IM HAUS BAND 18

Thomas Riegler

Haussteuerung

selbst planen und einfach installieren

Leicht gemacht, Geld und Ärger gespart!

Mit 107 farbigen Abbildungen

Bibliografische Information der Deutschen Bibliothek
Die Deutsche Bibliothek verzeichnet diese Publikation in der Deutschen Nationalbibliografie; detaillierte Daten sind im Internet über **http://dnb.ddb.de** abrufbar.

Satz: DTP-Satz A. Kugge, München
art & design: www.ideehoch2.de
Druck: Legoprint S.p.A., Lavis (Italia)
Printed in Italy

Inhaltsverzeichnis

Inhaltsverzeichnis

Inhaltsverzeichnis

Inhaltsverzeichnis

1 Einleitung

1 Einleitung

Funkbasierte Haus-Steuerungs-Systeme gibt es in unterschiedlichen Varianten. Sie können nicht nur einzelne Komponenten schalten, sondern viele Funktionen verknüpfen und so ganze Arbeitsabläufe im Haus automatisieren. Selbst aufkommender Regen oder Sturm, aber auch die einsetzende Dämmerung können Schaltbefehle auslösen und so rechtzeitig Markisen oder Rollläden einfahren. Alle Systeme nutzen dafür Sender und Empfänger, die durch Kommunikation die unterschiedlichsten Funktionen ausführen. Um zu verstehen, wie das alles zusammenhängt, betrachtet dieses Buch zunächst die technischen Grundlagen. Es beschreibt im Folgenden unterschiedlichste Komponenten, die zusammen eine umfassende funkbasierte Haus-Steuerungs-Anlage ergeben. Als Hauptbestandteil der aufzubauenden Anlage steht dabei das Haussteuersystem FS20 im Fokus. Es ist sehr flexibel einsetzbar und lässt sich Schritt für Schritt um zusätzliche Anwendungen erweitern, weil alle Komponenten zueinander kompatibel sind. Seine Funkempfänger lassen sich außerdem mit einer Zentralsteuerung verbinden, die so sämtliche Abläufe im Haus automatisiert. Über eine PC-Funk-Schnittstelle ist die gesamte funkbasierte Haussteueranlage um beliebige Funktionen erweiterbar. Dieses Buch beschreibt dabei nicht nur Komponenten und Funktionen und wie diese zu nutzen sind. Es berichtet vor allem auch über deren Anwendung in der Praxis und gibt dem Anwender so viele nützliche Tipps – die beste Voraussetzung, um die funkbasierte Haussteuerung mit nachhaltigem Erfolg zu betreiben. Sie beherrscht Steuer-, Regel- und Überwachungs-Aufgaben, kann autark laufen oder lässt sich über den PC mit faszinierenden Zusatzfunktionen nutzen. Aus der Ferne kann man die Komponenten über das Internet oder das Telefon bedienen.

1.1 Sender

Man unterscheidet bei Haus-Steuerungs-Systemen verschiedene Sender mit unterschiedlichsten Funktionen. Mit Handsendern in Form einer Fernbedienung kann man je nach Modell und Programmierung zwei bis zwanzig Empfänger steuern. An der Wand befestigten Sendern mit eingebauten Tastern stehen Unterputzsender mit externen Tastern gegenüber, die in Elektro-Installationsdosen einzubauen sind. Neben Modellen, die ihre Versorgungsspannung aus einer langlebigen Batterie beziehen, stehen auch Sender bereit, die 230 Volt aus der Steckdose benötigen. Beim Einbau von 230-Volt-Sendern kommt man in unmittelbaren Kontakt mit der Hausinstallation. Man sollte deshalb unbedingt vorher den Stromkreis abschalten und zuverlässig gegen das Wiedereinschalten sichern. An Stromkreisen zu arbeiten, die unter Spannung stehen, ist lebensgefährlich! Die meisten Sender arbeiten allerdings mit Batterien und sind so gefahrlos an beliebigen Orten mit minimalem Montage- oder Installations-Aufwand zu betreiben.

Fernbedienungen und fest montierte Installations- oder Wand-Sender dienen häufig dazu, Lichtquellen zu schalten. Das können neben Tisch- oder Stehlampen auch die fest installierte Raum- oder Treppenhaus-Beleuchtung sein. Zusammen mit einem Funkdimmer regeln die Sender außerdem die Lichthelligkeit nach individuell eingestellten Parametern. Selbstverständlich eignen sich die Sender auch zum Schalten anderer Geräte wie zum Beispiel alle im Stand-by-Modus laufenden Komponenten einer Audio-Video-Anlage. Typische Anwendungsgebiete sind außerdem das Ein- und Ausfahren von Rollläden und Markisen oder das Schalten von Elektroheizkörpern und Luftbefeuchtern. Das geschieht mit Funktimern, die einem Wecker mit großer Digitalanzeige ähneln und mehrere Funkschalter zeitgesteuert fernbedienen können.

Sender für Haussteuerungen können zusammen mit funkbasierten Bewegungsmeldern und Alarmanlagen auch Überwachungs- und Sicherheits-Aufgaben übernehmen. Haben die Funkmelder eine Bewegung erkannt, schalten sie die Video-Überwachungs-Anlage ein. So lassen sich einzelne Räume oder Außenbereiche des Hauses kontrollieren. Für Außenbeleuchtungen empfehlen sich dabei Dämmerungssender. Diese können beispielsweise die Außenbeleuchtung schalten und zusätzlich die Rollläden bei fortgeschrittener Abenddämmerung herunterlassen.

1.2 Funkempfänger

Auch bei den Empfängern sind verschiedene Modelle und Funktionen zu unterscheiden. Meist basieren sie auf den gleichen Grundmodellen, die um spezielle Funktionalitäten erweitert wurden oder für den Innen- oder Außen-Bereich vorgesehen sind. Die einfachste Komponente ist eine Steckdose mit eingebautem Funkschalter, der per Fernbedienung geschaltet wird. Diese Funksteckdose erlaubt mit einem Tastendruck, alle an sie angeschlossenen Geräte zentral abzuschalten – ein Vorteil bei Geräten der Unterhaltungselektronik, die sonst im Stand-by-Modus unnötigen Strom verbrauchen. Funksteckdosen mit eingebauter Dimmerfunktion regeln dagegen die Helligkeit von Lampen. Andere Funkempfänger steuern drahtlos große Motoren oder elektrische Heizungsanlagen. Komfortabel sind auch Funkschalter, die in Verteilerkästen einzubauen sind. Sie revolutionieren die herkömmliche Hausinstallation und verringern sie auf ein Mindestmaß bei gleichzeitig steigender Funktionalität. Die nachträgliche Installation gelingt auch dem unbedarften Laien, da er dafür keine zusätzlichen Leitungen verlegen muss.

1.3 Wie zuverlässig sind Funk-Steuersysteme?

Haus-Steuerungs-Systeme auf Funkbasis senden auf der Frequenz 868,35 MHz im so genannten ISM-Frequenzbereich, den ebenfalls Funkanwendungen aus den Bereichen, Industrie, Wissenschaft und Medizin belegen. Obwohl für Haus-Steuerungsanlagen eine exklusive Frequenz fehlt, sind Störungen der Funkverbindungen und damit Störungen im Funktionsablauf ausgeschlossen, weil die Sendesignale unterschiedlich sind und unterschiedliche Adressaten haben. Der Adressat eines Sendesignals ist einerseits die Voraussetzung, um komplexe Abläufe mit mehreren Empfängern steuern zu können. Andererseits stellt er sicher, dass sich zwei oder mehrere Funksysteme nicht gegenseitig in die Quere kommen. Selbst wenn alle Nachbarn das gleiche Funksystem für ihre drahtlose Haussteuerung nutzen, laufen alle 100-prozentig. Bei weit über 50.000 Adressierungsmöglichkeiten innerhalb eines einzigen Hauscodes ist man auch vor „Funkangriffen" geschützt – beispielsweise, wenn ein Nachbar versuchen sollte, mit seiner Fernbedienung Ihr Garagentor zu öffnen. Zu Einschränkungen bei der Betriebssicherheit kann es deshalb nur bei schwachen Signalpegeln kommen. Sie treten auf, wenn zwischen Sender und Empfänger großen Distanzen liegen. Man sollte deshalb beim Aufbau darauf achten, dass die Funkwellen möglichst ungehindert zum Empfänger gelangen können. Vor allem Blechverkleidungen oder Eisentüren dämpfen das Signal, so dass man hinter ihnen keinen Sender oder Empfänger montieren sollte. Die Funksysteme haben ohne dazwischenliegende Hindernisse meist eine Reichweite bis zu 100 m. In der Praxis ist die überbrückte Entfernung allerdings deutlich geringer, weil die Funkwellen Wände und andere Hindernisse durchqueren müssen und so abgeschwächt werden. Die Sender arbeiten zwischen dem Erdgeschoss und dem ersten Stock meist zuverlässig. Zwischen Keller und Dachboden oder in größeren Gebäuden kann es dagegen Probleme geben. Vor allem metallhaltige Wände dämpfen die Funkwellen erheblich. Möchte man trotzdem Geräte über größere Entfernungen steuern, sind so genannte Funk-Repeater zu empfehlen. Diese Umsetzer nehmen das Funksignal nach einer bestimmten Entfernung auf und senden es über die nächste Distanz zu einem weiteren Repeater oder direkt zum Gerät, das man steuern möchte. Zwei Funkumsetzer können im Freien leicht eine Entfernung von bis zu 300 m überbrücken.

2 Die Fernbedienung als Handsender

Zum Schalten der Funkempfänger wie der bereits erwähnten Funksteckdose braucht man eine Fernsteuerung. Dieser kompakte Handsender ist um einiges kleiner als eine übliche Fernbedienung. In vier Reihen sind je zwei Tasten nebeneinander angeordnet. Sie stehen wahlweise für die Bedienung von vier Ein-Aus-Funktionen mit je einem Tastendruck oder acht Funktionen mit jeweils einer Taste bereit. Mit der Fernbedienung kann man schalten, die Helligkeit von Lampen regeln, Timer programmieren und Adressierungsvorgänge aufrufen. Mit den Adressierungsvorgängen lassen sich beliebige Funkempfänger des Haus-Steuerungs-Systems FS20 der Fernbedienung zuordnen, um diese so mit dem Handsender schalten zu können.

2.1 Geräte aufeinander abstimmen

Nimmt man die Funksteckdose und den Handsender erstmals in Betrieb, verstehen sich beide Geräte noch nicht. Damit das klappt, sind beide zu programmieren. Dazu ist zuerst die Taste der Schaltsteckdose für mindestens 15 Sekunden gedrückt zu halten. Wenn ihre rote Leuchtdiode blinkt, zeigt sie den Programmiermodus an. Anschließend ist eine Taste der Fernbedienung zu drücken, mit der man die Schaltsteckdose bedienen möchte. Danach kann man sie mit der rechten Taste des Handsenders einschalten und mit der linken Taste wieder ausschalten. So lassen sich auch Funkdimmer programmieren.

Braucht man in einem Raum mehr als zwei Funkschalter, die gemeinsam gesteuert werden sollen, sind auch diese zu programmieren. Dazu ist an der zweiten Funksteckdose ebenfalls die im Gerät eingebaute Taste für rund 15 Sekunden gedrückt zu halten, bis die eingebaute Leuchtdiode zu blinken beginnt. Danach drückt man auf der Fernbedienung jene Taste, die man zuvor schon dem ersten Funkschalter zugedacht hat, so dass der zusätzliche Schalter diesen Code übernehmen kann. Mit nur einem Tastendruck auf der Fernbedienung lassen sich dadurch beide Funksteckdosen bedienen. Statt weiterer Funkschalter sind so auch zusätzliche Funkdimmer programmierbar.

Abb. 2.1 – Hält man diese Taste mindestens 15 Sekunden gedrückt, gelangt die Funksteckdose in den Programmiermodus.

Abb. 2.2 – Anschließend ist auf der Fernbedienung eine der beiden Tasten des Kanals zu drücken, mit dem man den Funkschalter bedienen möchte.

2.2 Bis zu acht Empfänger steuern

Im Auslieferungszustand ist die Fernbedienung so eingestellt, dass für die Steuerung eines Empfängers zwei Tasten belegt sind: Die rechte schaltet das Gerät ein, die linke aus. Zwei Tasten belegen dadurch einen Kanal der Fernbedienung, so dass der Handsender im Vier-Kanal-Betrieb bis zu vier Funkempfänger steuern kann. Auch die Helligkeit von Lampen regelt man mit der rechten und linken Taste. Möchte man dagegen bis zu acht Geräte bedienen, kann man den Handsender leicht auf die doppelte Kanalzahl umprogrammieren. Dazu sind lediglich die Tasten 2 und 3 gleichzeitig für mindestens fünf Sekunden zu drücken. Die Umstellung bestätigt die Leuchtdiode in der Fernbedienung mit einem kurzen Blinken. Im Acht-Kanal-Betrieb steuert jetzt jede der acht Tasten der Fernbedienung je ein Gerät, mit jedem Tastendruck wird dabei abwechselnd ein- und ausgeschaltet. Möchte man wieder auf den Vier-Kanal-Modus wechseln, sind die Tasten 1und 4 für mindestens fünf Sekunden zu drücken. Die Kontrollleuchte der Fernbedienung blinkt zur Bestätigung kurz auf. Da der Vier-Kanal-Betrieb übersichtlicher und damit einfacher zu bedienen ist, ist er zu empfehlen.

Abb. 2.3 – Den Handsender, eine Art Fernbedienung, kann man wahlweise im Vier- oder Acht-Kanal-Modus betreiben. Der Vier-Kanal-Betrieb ist übersichtlicher und damit einfacher zu bedienen.

2.3 Timer programmieren

Die Timerfunktion wird programmiert, indem man die beiden Kanaltasten auf der Fernbedienung für eine bis maximal fünf Sekunden gedrückt hält – ideal sind meist drei Sekunden. Dieser Befehl startet und beendet die Programmierung des Timers, die in Echtzeit erfolgt. Nach dem Start beginnt die Leuchtdiode des Funkempfängers zu blinken. Ist die Zeit erreicht, nach der sich das Gerät wieder ausschalten soll, ist die Programmierung des Timers mit der Fernbedienung abzuschließen.

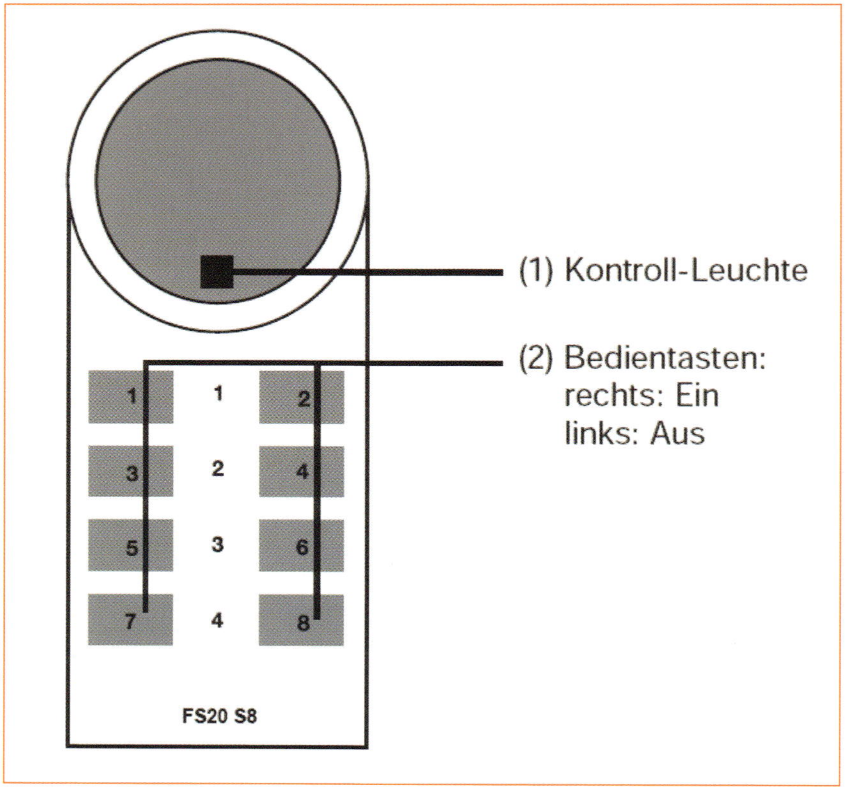

Abb. 2.4 – Die Grafik zeigt die für die Programmierung wichtige Zuordnung der einzelnen Kanaltasten.

2.4 Empfänger automatisch oder manuell steuern

Hat man die Funksteckdose mit der rechten Taste des Handsenders eingeschaltet und betätigt man diese nur kurz, schaltet sich zugleich der programmierte Timer ein. Ist die eingestellte Zeit des Timers abgelaufen, sendet die Fernbedienung automatisch ein Ausschaltsignal zum Empfänger. Möchte man die Funksteckdose dagegen manuell ausschalten, ist die Ein-Taste der Fernbedienung etwas länger zu drücken – eine Sekunde ist dabei optimal. Durch Drücken der Aus-Taste lässt sich der Empfänger anschließend ausschalten.

Schalten per Hand und die automatische Timerfunktion lassen sich auch kombinieren. Hat man den Timer aktiviert, kann man dafür in den manuellen Modus wechseln. Dazu ist ein weiteres Mal die Ein-Taste des Handsenders für rund eine Sekunde zu drücken. Möchte man den zuvor manuell eingeschalteten Funkempfänger doch mit dem Timer automatisch ausschalten, genügt es, noch einmal kurz die Ein-Taste zu drücken und das Gerät schaltet sich nach der einprogrammierten Laufzeit aus.

2.5 Timerfunktion im Acht-Kanal-Betrieb

Die Timerfunktion startet auch im Acht-Kanal-Betrieb mit einem kurzen Tastendruck. Bedienung und Programmierung verschiedener Funktionen weichen allerdings vom Vier-Kanal-Modus ab. Zuerst ist auf der Fernbedienung die Taste gedrückt zu halten, mit der man den zu programmierenden Empfänger steuert. Anschließend ist zusätzlich für ein bis maximal fünf Sekunden die daneben liegende Taste zu drücken und wieder loszulassen. Erst danach ist auch die Steuertaste wieder loszulassen. Nun ist der Empfänger im Timer-Programmier-Modus, den die blinkende Leuchtdiode am Gerät anzeigt. Nachdem die Zeitspanne verstrichen ist, nach der sich der Empfänger selbsttätig ausschalten soll, ist die Programmierung des Timers in Echtzeit in gleicher Weise abzuschließen. Man muss also wieder zuerst die dem Empfänger zugeordnete Taste und anschließend auch die daneben liegende Taste gedrückt halten. Nach maximal fünf Sekunden sind die zweite Taste und anschließend auch die Funktionstaste loszulassen.

2.6 Große Fernbedienung steuert bis zu 20 Kanäle

Neben der bisher betrachteten Fernbedienung steht für das beschriebene Hausfunksystem noch ein großer Bruder zur Verfügung. Beide Geräte sind gleich zu bedienen und zu programmieren. Der einzige Unterschied liegt in der Zahl der steuerbaren Funkkanäle: Während die kleine Version zwischen vier und acht Kanälen umschaltbar ist, steuert die große Fernbedienung zehn oder sogar zwanzig Kanäle. Damit empfiehlt sich der größere Handgeber für umfangreichere Haus-Steuerungs-Anlagen mit vielen Funkempfängern. Dieses Buch greift im Folgenden bei der Beschreibung verschiedenster Anwendungen auf den Standard-Handsender zurück.

Abb. 2.5 – Für das Funk-Steuersystem gibt es drei unterschiedliche Fernbedienungen, mit denen man bis zu zwanzig Funkempfänger steuern kann.

2.7 Mini-Handsender als Schlüsselanhänger

Die kleinste Fernbedienung des Haus-Steuerungs-Systems hat die Größe eines Schlüsselanhängers. Das Modell unterscheidet sich technisch von den Vorgängermodellen nur in der Zahl der Tasten. Davon besitzt es vier, mit denen man entweder zwei oder vier Kanäle schalten kann. Der Minisender eignet sich wegen seinen geringen Abmessungen vor allem für mobile Anwendungen außer Haus. Wichtige Funktionen lassen sich vorzugsweise im umfangreicheren Vier-Kanal-Betrieb ausführen. Belegt man beispielsweise einen Kanal mit der Global-Master-Funktion, kann man alle funkgesteuerten Empfänger mit nur einem Tastendruck gleichzeitig ein- oder ausschalten. So lassen sich sämtliche Geräte in Abwesenheit bequem und sicher vom Stromnetz trennen, so dass sie nicht mehr im Stand-by-Betrieb laufen, was den Geldbeutel schont. Mit anderen Kanälen kann man das Garagentor oder Türen öffnen.

Abb. 2.6 – Den Mini-Handsender hat man als Schlüsselanhänger immer dabei. Er eignet sich so für Anwendungen außer Haus. Er steuert beispielsweise Garagentore oder kann als Hauptschalter alle Stand-by-Geräte vom Stromnetz trennen.

3 Strom sparen mit der Funksteckdose

Diese Steckdose mit eingebautem Funkschalter hilft Strom zu sparen. Sie zählt zu den einfachsten und zugleich am universellsten einsetzbaren Empfängern des Haus-Steuerungs-Systems, mit der man alle nur denkbaren Geräte ein- und ausschalten kann. Der Funkschalter erlaubt beispielsweise, die heimische Audio-Video-Anlage vor dem Schlafengehen bequem mit einem Tastendruck vom Stromnetz zu trennen. Da Geräte der Unterhaltungselektronik auch im Stand-by-Modus viel Strom verbrauchen, spart man so Geld und tut der Umwelt etwas Gutes – denn der Stromverbrauch der Funksteckdose liegt bei nur einem halben Watt und ist damit vernachlässigbar gering. Der Anschluss des Funkschalters ist denkbar ein-

3 Strom sparen mit der Funksteckdose

fach: Man steckt in seine Steckdose eine Steckdosenleiste, an die wiederum alle zu steuernden Geräte angeschlossen sind. Beim Ausschalten der Geräte unterbricht die Schaltsteckdose die Stromzufuhr. Da sie per Funk ferngesteuert wird, findet sie selbst an schwer zugänglichen Orten Platz.

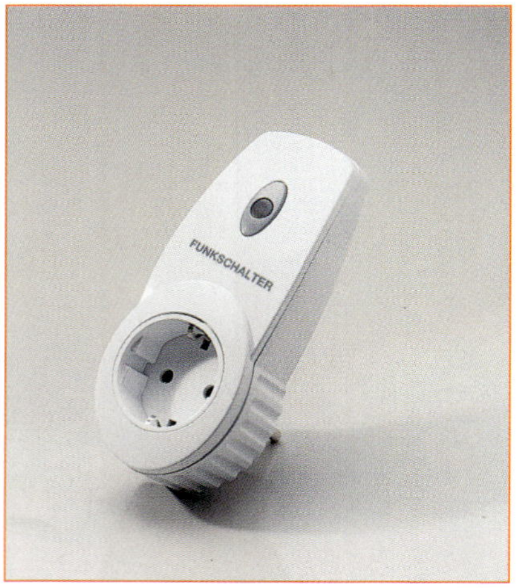

Abb. 3.1 – Die Schaltsteckdose zählt zu den Basiselementen eines Funk-Steuersystems für Anwendungen rund ums Haus.

Abb. 3.2 – Die Funksteckdose hilft Strom zu sparen: Braucht man Videorekorder und Sat-Receiver nicht mehr, kann man sie zentral mit der Fernbedienung ausschalten. So rechnet sich der Funkschalter schneller als man denkt.

3.1 Timerfunktion programmieren

Die Funksteckdose besitzt selbstverständlich auch einen Timer, mit dem man festlegen kann, wie lange das Gerät nach dem Einschaltbefehl laufen soll. Die Laufzeiten reichen von einer Sekunde bis zu 4,25 Stunden. Um das Gerät zu programmieren, sind beide Tasten des Tastenpaares der Fernbedienung, die diesem Funkschalter zugeordnet sind, ein bis fünf Sekunden lang gleichzeitig zu drücken. Beim Loslassen blinkt die Leuchtdiode der Schaltsteckdose, dabei ist die Schaltdauer in Echtzeit festzulegen. Lässt man die Kontrollleuchte des Funkschalters beispielsweise eine Minute blinken, bevor man wieder beide Tasten des Handsenders ein bis fünf Sekunden gleichzeitig drückt, bleibt das Gerät eine Minute eingeschaltet. Soll der Funkschalter zwei Stunden eingeschaltet bleiben, muss man seine Kontrollleuchte beim Programmiervorgang ebenso lange blinken lassen. Die Ausschaltzeit ist nur einmal festzulegen und steht danach jederzeit auf Abruf bereit.

3.2 Timer individuell nutzen

Hat man zum Beispiel eine Timerlaufzeit von zwei Stunden festgelegt, heißt das nicht, dass sich die Funksteckdose nach jedem Einschalten nach dieser Zeit auch wieder automatisch ausschaltet. Wenn das passieren soll, ist der Funkschalter direkt am Gerät oder mit der Fernbedienung auf eine bestimmte Art und Weise einzuschalten. Wird die Ein-Taste nur kurz, für weniger als eine halbe Sekunde, gedrückt, ist der Timer aktiviert. Betätigt man dagegen die Ein-Taste länger, ist der Timer ausgeschaltet und die Funksteckdose bleibt so lange aktiv, bis man sie wieder per Hand ausschaltet.

Man kann den Timer auch nachträglich aktivieren. Ein Beispiel: Sind Sat-Receiver, Videorekorder und Fernseher am Funkschalter angeschlossen, schaltet man diese normalerweise mit der Fernbedienung manuell ein und aus. Beabsichtigt man jedoch, eine Sendung zu nachtschlafender Zeit aufzuzeichnen, ist auch ein zeitversetztes, automatisches Ausschalten der Anlage möglich. Hierfür ist zuerst der Funkschalter zu aktivieren, indem man den Ein-Taster der Fernbedienung für rund eine Sekunde drückt. So rutscht die Schaltsteckdose in den manuellen Betrieb. Um jetzt nachträglich den Timer zu aktivieren, drückt man ein zweites Mal kurz, für maximal eine halbe Sekunde, auf den Einschaltknopf. Von nun an beginnt der Timer zu laufen und schaltet die Geräte nach der zuvor eingestellten Timerzeit automatisch ab, die am Funkschalter angeschlossenen sind. Man kann jederzeit vom Timerbetrieb in den Nicht-Timer-Betrieb und umgekehrt wechseln. Dazu ist je nach Wunsch der Einschaltknopf kurz oder etwas länger zu drücken.

Ist der Timer aktiviert, kann man die Funksteckdose trotzdem vorher ausschalten. Dazu drückt man kurz die linke Taste der Fernbedienung, also den Aus-Schalter oder die Taste am Funkschalter.

3.3 Timerzeiten löschen

Programmierte Timerzeiten lassen sich bequem wieder löschen. Zuerst sind dafür ein bis fünf Sekunden gleichzeitig beide, dem Funkschalter zugeordneten Tasten der Fernbedienung zu drücken. Blinkt die Leuchtdiode, drückt man den Taster am Funkschalter und das nun erloschene Blinklicht signalisiert die gelöschte Timerzeit.

Tasten beim Timer-Programmieren nicht zu lange drücken!

Die Bedienungsanleitungen geben an, für die Programmierung des Timers die für den Empfänger zuständigen Tasten ein bis fünf Sekunden gedrückt zu halten. In der Praxis sollte das allerdings nicht länger als etwa drei Sekunden geschehen. Drückt man sie zu lange, gelangt man in den Adressen-Programmierungs-Modus, der alle schon festgelegten Empfänger aus der Fernbedienung löscht.

Technische Details der Funksteckdose

Die Schaltleistung der Funksteckdose mit eingebauter Kindersicherung beträgt 3.680 Watt. Das entspricht der Leistung, die man aus einem mit 16 Ampere abgesicherten 230-Volt-Stromkreis entnehmen kann. Damit kann die Schaltsteckdose nicht nur Geräte der Unterhaltungselektronik ein- und ausschalten, sondern auch Heizgeräte steuern. Ihre Leistungsaufnahme liegt bei einem halben Watt. Der Stromverbrauch von Geräten im Stand-by-Modus ist dagegen deutlich höher. Mit einem eingebauten Drucktaster kann man die Funksteckdose, bei der im Betrieb eine rote Leuchtdiode leuchtet, auch an Ort und Stelle schalten.

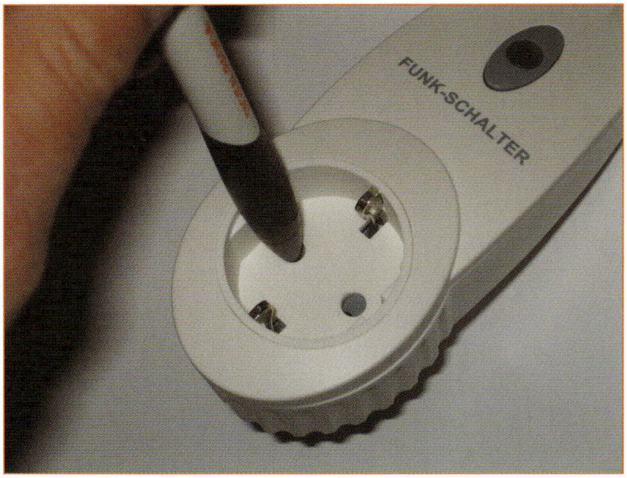

Abb. 3.3 – Schaltsteckdosen und Steckdosen-Dimmer besitzen eine eingebaute Kindersicherung.

4 Komplexe Abläufe mit Adresssystem zuverlässig steuern

4 Komplexe Abläufe mit Adresssystem zuverlässig steuern

Im Auslieferungszustand besitzt jeder Sender des Haus-Steuerungs-Systems einen anderen, zufällig eingestellten Hauscode. Man spricht auch von einem Befehlssatz. Möchte man ein oder mehrere Funkschalter mit mehreren Sendern ansteuern, sind deren Hauscodes zuerst aufeinander abzustimmen. Mit Sendern sind hier nicht nur Fernbedienungen, sondern auch andere Modelle wie Unterputzsender oder Bewegungsmelder gemeint, die das Buch später ausführlich beschreibt. Nur wenn jeder Sender mit demselben Hauscode arbeitet, kann man ein umfangreiches funkbasiertes Haus-Steuerungs-System aufbauen. Innerhalb eines Hauscodes lassen sich 256 verschiedene Adressen einstellen. Der Adressat eines Sendesignals ist einerseits die Voraussetzung, um komplexe Abläufe mit mehreren Funkschaltern steuern zu können. Andererseits stellt er sicher, dass sich zwei oder mehrere Funksysteme, die auf derselben Frequenz senden, nicht gegenseitig in die Quere kommen. Die Adressen gliedern sich in vier Adresstypen zu 225 *Einzeladressen*, je 15 *Funktions-Gruppen-Adressen* und *Lokalen Masteradressen* sowie einer *Globalen Masteradresse*. Jedem Empfänger kann man von jedem Adresstyp eine Adresse zuordnen, so dass jeder Funkschalter auf bis zu vier unterschiedliche Adressen reagieren kann – jedoch immer nur auf eine Adresse pro Adresstyp. Soll ein Funkempfänger auf mehrere Sender reagieren, kann man die Sender auf dieselbe Adresse programmieren.

4.1 Vier Adresstypen

Die vier Adresstypen haben unterschiedliche Funktionen. Stellt man eine *Einzeladresse* auf einen Empfänger ein, ist dieser getrennt ansteuerbar. Eine *Gemeinsame Funktions-Gruppen-Adresse* verschmilzt dagegen mehrere Empfänger zu einer funktionellen Einheit. So kann man beispielsweise Stereo-Anlage, Sat-Receiver, Videorekorder und Fernseher im Wohnzimmer gemeinsam über zwei oder drei Funksteckdosen ein- und ausschalten, obwohl sie in unterschiedlichen Ecken stehen. Auch die *Lokale Masteradresse* und die *Globale Masteradresse* definieren mehrere Empfänger als eine Einheit und steuern diese gemeinsam.

Die Struktur der Adresstypen erlaubt, Zugangsberechtigungen zu realisieren. Man kann zum Beispiel drei Türen separate *Einzeladressen* und eine *gemeinsame Funktions-Gruppen-Adresse* zuweisen und so die Zugangsberechtigungen für einzelne Personen regeln. Die Adresstypen sind ausschließlich am Sender einzustellen, der diese an die Empfänger überträgt.

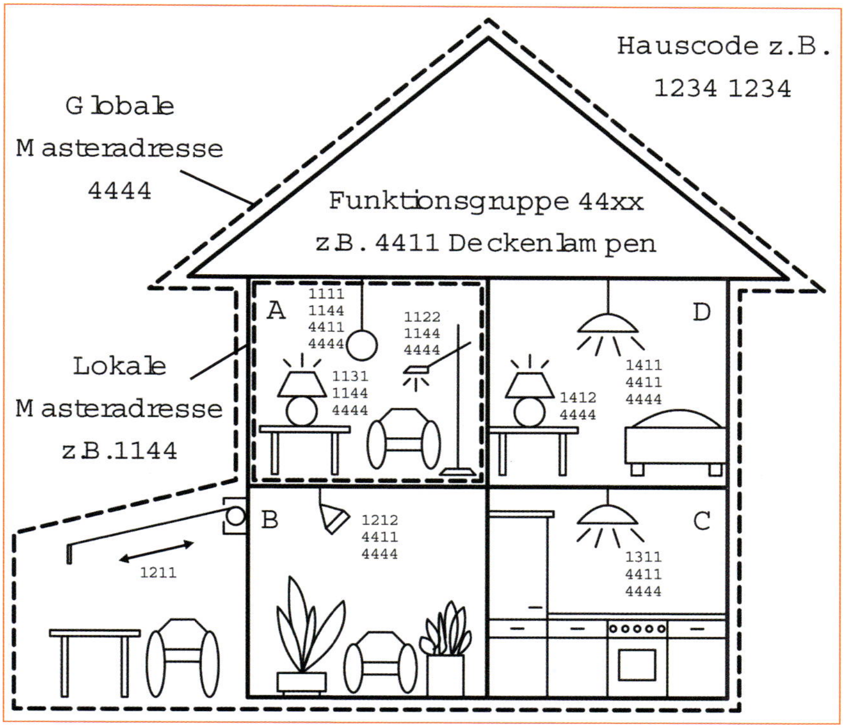

Abb. 4.1 – Die Grafik zeigt ein Beispiel für eine komplette Hausprogrammierung: Im Raum A sind alle drei Lampen gesondert über die Einzeladressen 11 11, 11 22 und 11 31 schaltbar, da jede Lampe eine individuelle Adresse besitzt. Über die lokale Masterfunktion 11 44 kann man überdies alle Lampen im Raum zentral steuern. Ein eigens konfigurierter Funkkanal der Fernbedienung schaltet über die Funktionsgruppe 44 11 alle Deckenleuchten im Haus. Zuletzt gibt es noch die globale Masteradresse, über die alle Stromverbraucher im Haus ausgeschaltet werden können.

4.2 Adressgruppe

Eine Adressgruppe bezeichnet alle logisch zusammengehörigen Komponenten, die individuell zuzuordnen sind. Man kann beispielsweise alle Geräte im Wohnzimmer auf den Adresscode 21 programmieren oder für alle Stromverbraucher in der Küche den Adresscode 22 vergeben.

Hauscode
Alle in einem Haus betriebenen Funkkomponenten, die zusammen das Steuerungssystem bilden, arbeiten mit demselben achtstelligen Hauscode. Dieser erlaubt den gleichzeitigen und unabhängigen Betrieb mehrerer Funk-Steuersysteme nebeneinander. Für die Codierung der Sender und ihrer Einzeltasten verwendet man neben dem Hauscode auch eine Adressgruppe und eine Unteradresse. Bei der ersten Inbetriebnahme der Fernbedienung arbeitet diese mit einem zufällig gewählten Hauscode, der natürlich änderbar ist. Dazu sind die Tasten 1 und 3 der Fernbedienung für fünf Sekunden gedrückt zu halten, bis ihre Leuchtdiode im Sekundentakt blinkt. Jetzt kann man mit den Tasten 1 bis 4 den gewünschten achtstelligen Code eintippen, zum Beispiel 12121212. Danach verlässt die Fernbedienung automatisch den Programmiermodus, was die erloschene Leuchtdiode anzeigt. Wichtig: Der vergebene Hauscode muss für alle ferngesteuerten Sender, die innerhalb desselben Funksystems arbeiten, identisch sein! Mit der Neuprogrammierung des Hauscodes gehen alle bereits gespeicherten Zuordnungen verloren und sind neu anzulegen.

4.3 Adresssystem mit Fernbedienung programmieren

Adresse eines Senderkanals

Die Adresse eines Kanals der Fernbedienung oder eines Funkkanals eines anderen Senders setzt sich aus der zweistelligen Adressgruppe und der zweistelligen Unteradresse zusammen – zum Beispiel die Zahl 21 für die Adressgruppe und die Zahl 11 für die Unteradresse. Man kann die Adresse eines Kanals mit der Postleitzahl eines Ortes vergleichen. Die zweistellige Adressgruppe entspricht der Straße, in der man wohnt und die Unteradresse der Hausnummer. Ab Werk ist bei vielen Handsendern des Haussteuersystems für alle Kanäle die Adressgruppe 11 vorgesehen. Möchte man parallel mehrere Sender betreiben, die unterschiedliche Funkempfänger steuern, sind an den Sendern unterschiedliche Adressen einzustellen. Neben dem gemeinsamen Hauscode und der gemeinsamen Adressgruppe für einen bestimmten Raum gibt man dem ersten Funkempfänger beispielsweise die Unteradresse 11 und dem zweiten Empfänger die Unteradresse 12. So lässt sich jeder getrennt steuern. Um die Adressgruppe und die Unteradresse eines Kanals der Fernbedienung eintippen zu können, sind zuerst beide, dem Kanal zugeordneten Tasten des Handsenders für fünf Sekunden gedrückt zu halten, bis die Leuchtdiode blinkt. Nach der Programmierung der Adresse mit den Tasten 1 bis 4 ist der Eingabemodus automatisch abgeschlossen. Soll nur ein Kanal der Fernbedienung zwei Empfänger gemeinsam schalten, ist beiden dieselbe komplette Adresse einzuspeichern – also beispielsweise 12121212 für den Hauscode, für die Adressgruppe die Zahl 21 und für die Unteradresse die Zahl 11.

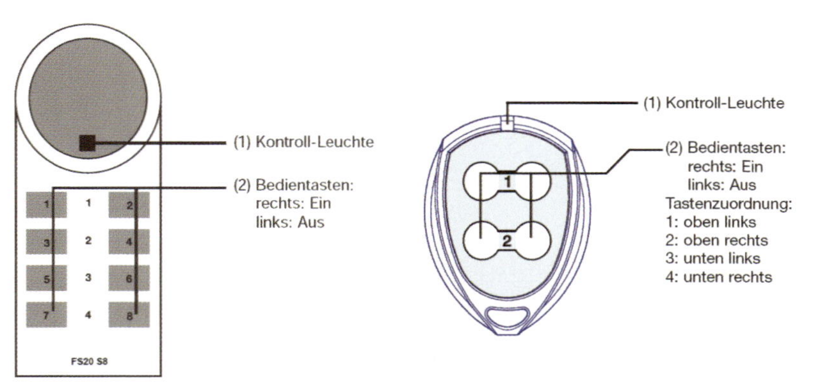

Abb. 4.2 – Die Grafik zeigt die Anordnung der Tasten der Fernbedienung und des Mini-Handsenders, die für die Programmierung des Adresssystems erforderlich sind.

4.3 Adresssystem mit Fernbedienung programmieren

Ab Werk sind den Sendertasten der Fernbedienung folgende Adressen zugeordnet:

Tastenpaar	1	2	3	4
Adresse	11 11	11 12	11 13	11 14

Adressgruppe für alle Kanäle ändern

Zum Ändern der Adressgruppe für alle Kanäle sind die Tasten 2 und 4 der Fernbedienung für fünf Sekunden gedrückt zu halten, bis ihre Leuchtdiode im Sekundentakt blinkt. Nun ist mit den Tasten 1 bis 4 die neue zweistellige Adressgruppe einzugeben. Danach verlässt der Handsender automatisch den Programmierbetrieb. Die ursprüngliche Programmierung der zweistelligen Unteradressen bleibt bei der Änderung der Adressgruppe erhalten.

Einzeladressen

Bei der Programmierung von Einzeladressen sind die zweistellige Adressgruppe und die zweistellige Unteradresse einzutippen. Zum Ändern der Einzeladresse sind die beiden Tasten des Kanals der Fernbedienung, den man ändern möchte, für mindestens fünf Sekunden gleichzeitig zu drücken. Für Kanal 1 sind das die Tasten 1 und 2 oder für Kanal 2 die Tasten 3 und 4. Wenn die Leuchtdiode im Sekundentakt blinkt, sind mit den Tasten 1 bis 4 zuerst die zweistellige Adressgruppe und anschließend die zweistellige Unteradresse einzugeben. Danach verlässt die Fernbedienung automatisch den Programmierbetrieb.

Funktions-Gruppen-Adressen

Diese sind wie Einzeladressen zu programmieren. Gemeinsame Funktions-Gruppen-Adressen unterscheiden sich von anderen Einzelprogrammierungen jedoch darin, dass als Adressgruppe 44 einzugeben ist. Es lassen sich bis zu 15 Funktionsgruppen zwischen 4411 und 4443 definieren.

Wichtig!

Die Adressgruppe 44 und die Unteradresse 44 sind für die Bildung von Funktionsgruppen vorgesehen.

Lokaler Master

Wird die Unteradresse auf 44 eingestellt, hat dieser Kanal des Handsenders die Funktion eines lokalen Masters innerhalb der eingestellten Adressgruppe. Alle Funkempfänger, die mit dieser lokalen Masteradresse programmiert sind, werden so gleichzeitig gesteuert.

Globaler Master

Werden bei einem Funkkanal der Fernbedienung Adressgruppe und Unteradresse auf 44 gestellt, hat dieser die Funktion eines globalen Masters. Man spricht auch von einem Hauptschalter. Alle Funkempfänger, die mit dieser globalen Masteradresse programmiert sind, werden so gleichzeitig gesteuert. Selbst mit dem globalen Master kommen sich mehrere Steuersysteme nicht in die Quere, weil sie sich im achtstelligen Hauscode unterscheiden.

4.4 Das Adresssystem in der Praxis

Was liegt näher, als das Adresssystem in der Praxis anzuwenden, um es so auf seine Funktionalität zu testen. Mit der Fernbedienung sollen zwei Funksteckdosen im Wohnzimmer mit je einem Funkkanal steuerbar sein. Zusätzlich ist beabsichtigt, diese mit einem dritten Funkkanal gemeinsam zu schalten. Wie ist vorzugehen?

Zwei Funkschalter konfigurieren

Möchte man mit mehreren Handsendern die beiden Funksteckdosen steuern, kommt die lokale Masterfunktion infrage. Dafür sind zunächst alle Fernbedienungen auf denselben Hauscode einzustellen. Für unser Beispiel haben wir den Code 12121212 gewählt. Der gemeinsame Hauscode ist wichtig, damit alle Fernbedienungen mit demselben Befehlssatz arbeiten. Nun sind die Einzeladressen der beiden Funkempfänger an der Reihe, die man beliebig festlegen kann. Wir entscheiden uns beim ersten Empfänger bei der Adressgruppe für die Zahl 21, bei der Unteradresse für die Zahl 11. Die zweite Funksteckdose erhält bei der Adressgruppe ebenfalls die Zahl 21, für die Unteradresse die Zahl 22. Wie im Abschnitt *Einzeladressen* beschrieben, werden jetzt der erste und der zweite Kanal der Fernbedienung programmiert. Damit beide Funksteckdosen auch fernsteuerbar sind, muss man sie auf die dafür vorgesehenen Kanäle der Fernbedienung programmieren. Dafür ist zuerst der im Gerät eingebaute Taster für rund 15 Sekunden zu drücken, bis die Leuchtdiode blinkt. Anschließend folgt ein Tastendruck auf den Funkkanal der Fernbedienung, der den Empfänger schalten soll, und beide Funksteckdosen sind separat steuerbar.

Der dritte Kanal der Fernbedienung soll zusätzlich beide Funkempfänger gleichzeitig schalten. Dazu programmieren wir den dritten Steuerkanal des Handsenders auf 21 44. Die Unteradresse 44 kennzeichnet eine lokale Masterfunktion, der Adresscode 21 die lokale Mastergruppe. Anschließend programmieren wir beide Empfänger auf den lokalen Masterkanal 3 unserer Fernbedienung. Dazu muss man ebenfalls ihre Taster für 15 Sekunden drücken, bis die eingebaute Leuchtdiode blinkt, und anschließend auf der Fernbedienung eine Taste des Kanals 3 betätigen.

Um zu verstehen, was es mit der lokalen Masterfunktion auf sich hat, wollen wir uns diese etwas genauer ansehen. Die Unteradresse 44 zeigt, dass es sich hier um eine lokale Mastergruppe handelt. Die vorangestellte, von uns frei gewählte Zahl 21 besagt, welche lokale Mastergruppe gemeint ist. Alle in der lokalen Mastergruppe 21 zusammengefassten Funkempfänger lassen sich gleichzeitig steuern. Lokale Mastergruppen sind zu empfehlen, wenn man beim Verlassen eines Raums alle Geräte ausschalten möchte. Da man in jedem Funkschalter neben der individuellen Einzeladresse auch eine lokale Masteradresse hinterlegen kann, lassen sie sich einzeln oder gemeinsam schalten. Jeder Funkempfänger kann nur eine lokale Masteradresse erhalten. Innerhalb des Funksteuersystems lassen sich bis zu 15 lokale Master generieren. So kann man auf Tastendruck beispielsweise alle Geräte im Wohn- oder Schlaf-Zimmer, der Küche oder des Hobbyraums gemeinsam ein- und ausschalten.

Funktionsgruppen anlegen

Im funkbasierten Haus-Steuerungs-System lassen sich bis zu 15 Funktionsgruppen einrichten, die man am Adresscode 44 erkennt. Als Funktionsgruppen kommen beispielsweise alle Deckenleuchten eines Stockwerkes oder alle Komponenten der Fernsehanlage infrage. Das können Verstärker, Multischalter und alle Receiver sein. Funktionsgruppen sind wie im Abschnitt *Einzeladressen* beschrieben in die Fernbedienung einzugeben. Von der lokalen Masteradresse unterscheidet

4.4 Das Adresssystem in der Praxis

sich die Funktionsgruppe, weil sie Geräte aus mehreren Räumen gemeinsam ansteuern kann. Sie schaltet nicht nur alle Funkschalter eines Raumes, sondern erlaubt auch, alle funkgesteuerten Beleuchtungskörper eines Stockwerkes zentral zu regeln. Typische Adressen für Funktionsgruppen sind 44 11, 44 21 oder 44 43.

Der Hauptschalter

Im Funksteuersystem kann man auch eine so genannte Global-Master-Funktion einrichten, die einem Hauptschalter gleichkommt. Sie wird ebenfalls auf einem separaten Kanal der Fernbedienung eingerichtet und ist dadurch gekennzeichnet, dass als Adresscode und Unteradresse jeweils 44 einzutippen ist. Neben den Funktionsgruppen ist auch der Global-Master-Code einzugeben. Pro Hauscode kann man dabei eine globale Masterfunktion einrichten. Die Gesamtadresse für den Global Master lautet zum Beispiel 12121212 für den Hauscode und 44 44 für Adresscode und Unteradresse. Nachdem der Global-Master-Code in der Fernbedienung eingerichtet ist, sind auf ihn auch alle Funkempfänger zu programmieren, bei denen er wirksam sein soll. Dazu sind wie gehabt zuerst die Taste des Empfängers für 15 Sekunden und anschließend die betreffende Kanaltaste der Fernbedienung zu drücken. Jetzt ist der Funkempfänger auf vier Codes abgestimmt, mit der individuellen Einzeladresse wie 21 11 wird nur er geschaltet. Zusätzlich hat er einen Lokal-Master-Code gespeichert, über den er gleichzeitig mit anderen Geräten im Raum bedient werden kann.

Bei Funktionsgruppen, die Geräte in mehreren Räumen gleichzeitig steuern, ist der Global-Master-Code der Hauptschalter. Mit ihm kann man alle Geräte des Hausfunksystems gleichzeitig steuern. Möchte man etwa vor Verlassen des Hauses sichergehen, dass wirklich alle Geräte abgeschaltet sind, drückt man einfach auf die „Global-Master-Taste" der Fernbedienung.

Alle Funkempfänger gemeinsam steuern?

Wie viele Funkschalter man zu einer Lokal-Master-Gruppe und/oder der Global-Master-Gruppe zusammenfasst und damit gemeinsam steuert, entscheidet jeder Anwender selbst. In einem Raum können einzelne Empfänger von der Lokal-Master-Gruppe ausgeschlossen bleiben. Gleiches gilt sinngemäß auch für die Hauptschaltersteuerung des globalen Masters. Von ihr können verschiedene Funksteckdosen ausgespart bleiben, die über einen Timer gesteuerte Lampen schalten, um so etwa einen wirksamen Einbruchschutz zu realisieren. Funktionsgruppen sind ein Mittelding und können elektrische Geräte aus mehreren Räumen in Gruppen zusammenfassen, die sich ergänzen.

5 Diagnosetool vermeidet Fehler

Mit dem Diagnosetool hat man ein nützliches Werkzeug zur Hand, das bei größeren Hausfunksystemen hilft, den Überblick über die einzelnen Systemadressen und die Hauscodes zu behalten. Das ist notwendig, um Fehlsteuerungen zu vermeiden. Gleiches gilt, wenn man das bestehende Haus-Steuerungs-System ausbauen möchte. Funksender haben eine Reichweite von bis zu 100 m, so dass sie bei falschen Adresszuordnungen nicht gewollte Aktionen auslösen können. Neben dem Einsatz in bestehenden Systemen eignet sich das Diagnosegerät auch bestens zur Kontrolle von Adressen und Dokumentationen bei der Inbetriebnahme des Haus-Steuerungs-Systems. Das Gerät zeigt sofort alle Daten an, so dass Code- und Adress-Eingaben unmittelbar nachprüfbar sind.

Die Bedienung des Diagnosetools ist äußerst einfach. An seiner Front sind ein zweizeiliges Display, drei Tasten und zwei Leuchtdioden eingebaut. Das Gerät wird mit der Ein-Taste in Betrieb genommen. Das Anzeigefeld ist nun beleuchtet, zeigt aber außer den Kürzeln für Hauscode (HC), Adressgruppe (AG) und Unteradresse (UA) nur Striche an. Damit sich das ändert, bringt

5 Diagnosetool vermeidet Fehler

man das Gerät in die Nähe eines Handsenders und wartet auf einen Steuerimpuls. In der Praxis hält man die Fernbedienung mit einem Abstand von maximal 30 cm zum Diagnosetool und drückt eine der Tasten. Sobald das Gerät einen Impuls empfangen hat, listet das Display die achtstellige Adresse des Hauscodes und die jeweils zweistelligen Adressen von Adressgruppe und Unteradresse.

In Versuchen empfing das Diagnosegerät nicht immer alle Codes korrekt. Auch wenn der Handsender nur 10 bis 20 cm entfernt war, las es gelegentlich falsche oder gar keine Codes. Ist man nicht sicher, ob die angezeigten Werte richtig sind, ist deshalb zu empfehlen, die entsprechende Kanaltaste der Fernbedienung ein zweites Mal zu drücken. Spätestens jetzt sollten alle Parameter korrekt eingelesen sein. Erfahrungen haben gezeigt, dass es bei Distanzen von rund 30 cm zwischen Handsender und Diagnosetool kaum zu falsch ausgelesenen Codes kommt.

Abb. 5.1 – Mit dem Diagnosetool lassen sich Hauscodes, Adressgruppen und Unteradressen ermitteln. Damit ist es ein wichtiges Werkzeug, um ein funkbasiertes Haus-Steuerungs-System zu planen und zu warten.

Selbst wenn das Diagnosetool im täglichen Betrieb nicht gebraucht wird, ist es ein unentbehrliches Werkzeug. Zur Programmierung der Codes der einzelnen Kanäle der Fernbedienung ist das Tool zwar entbehrlich, allerdings nur so lange man über alle programmierten Parameter genau Buch führt. Sind diese Aufzeichnungen nur lückenhaft oder hat man sie verlegt, geht schnell der Überblick über das Haus-Steuerungs-System verloren. Das Diagnosetool ist dagegen der beste Schutz, weil es schnell und jederzeit alle aktuellen Codes der einzelnen Funkkanäle lesen kann. Damit lassen sich auch unbeabsichtigte Umprogrammierungen einzelner Tasten durch falsche Bedienung erkennen und die Fernbedienungen überprüfen.

Einlegen der Batterie

Das Diagnosetool benötigt für den Betrieb eine 9-Volt-Batterie, die zuerst einzulegen ist. Dazu sind die beiden Halbschalen des Gehäuses auseinanderzuziehen. Zum Öffnen des Diagnosetools hält man es so, dass seine Frontseite nach unten zeigt und das Batteriefach rechts zu sehen ist. Jetzt kann man die oben liegende Gehäuse-Unterseite nach links aufschieben.

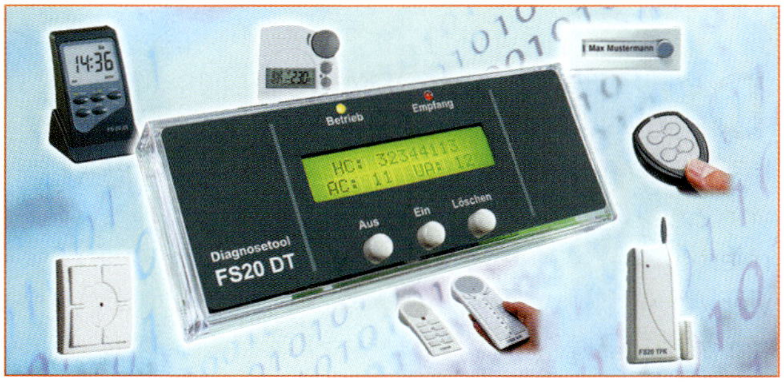

Abb. 5.2 – Das Diagnosetool ist universell einsetzbar und wertet die Sendesignale aller Fernbedienungen aus, die zum Funk-Steuersystem gehören.

6 Funk-Steckdosen-Dimmer regelt Lampen

Der funkgesteuerte Steckdosendimmer ist ein enger Verwandter der Funksteckdose, da auch er Verbraucher ein- und ausschalten kann – Timerlaufzeiten von einer Sekunde bis zu 4,25 Stunden sind programmierbar. Dem Gerät kann man im Adresssystem bis zu vier Adresstypen zuordnen. Damit lässt sich der Funkdimmer nicht nur individuell ansteuern, sondern auch in Funktionsgruppen, Lokal- und Global-Master-Gruppen einbinden. Handhabung und Programmierung gleichen der Funksteckdose.

Der funkgesteuerte Steckdosendimmer ist zum Anschließen aller Arten von Lampen vorgesehen, die eine maximale Leistungsaufnahme von 200 Watt besitzen. Um das Gerät vor Überlastung zu schützen, ist im Steckerteil seines Gehäuses eine Glasrohrsicherung eingebaut. Sie kann im Bedarfsfall bequem ausgewechselt werden, ohne das Gerät aufschrauben zu müssen. Wie hell die Lampe leuchten soll, kann man über die Ein- und Aus-Taste der Fernbedienung regeln. Hält man dabei die rechte Ein-Taste gedrückt, wird das Licht heller.

6 Funk-Steckdosen-Dimmer regelt Lampen

Mit der linken Aus-Taste kann man es dagegen langsam bis fast zum Erlöschen herunterregeln. Der Funkdimmer verfügt über eine Memoryfunktion, die sich die zuletzt eingestellte Helligkeit merkt und die Lampe beim nächsten Einschalten automatisch auf diesen Wert einregelt. Wie schnell das Licht bei den Schaltvorgängen dabei auf- oder abgeblendet werden soll, ist ebenfalls programmierbar. Zum Starten der Programmierung sind zuerst für rund drei Sekunden beide, dem Funkdimmer zugeordneten Tasten der Fernbedienung gleichzeitig zu bedienen und so lange gedrückt zu halten, wie das Licht künftig hochgeregelt werden soll. Zum Schluss ist der Programmiervorgang mit abermaligem gleichzeitigem Drücken beider Kanaltasten der Fernbedienung für rund drei Sekunden abzuschließen – und die Abblend-Zeit ist mit der linken Aus-Taste der Fernbedienung einstellbar.

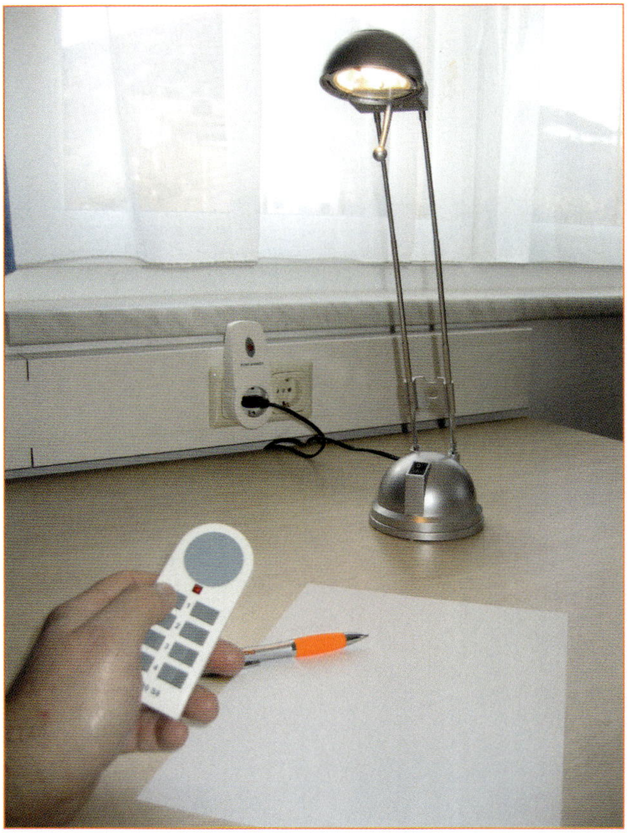

Abb. 6.1 – Der Funkdimmer schaltet und regelt Tisch- oder Stehlampen.

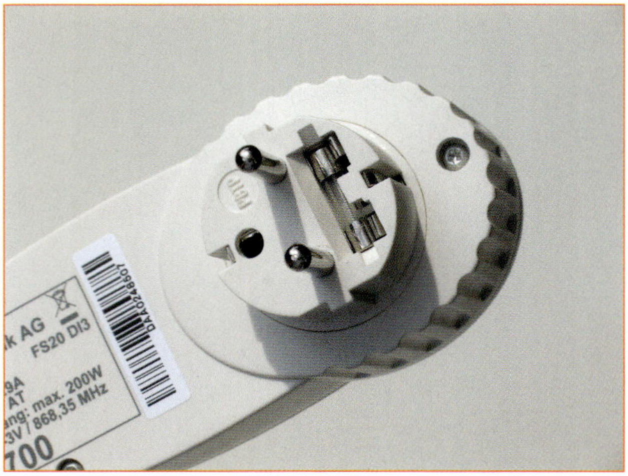

Abb. 6.2 – Der Dimmer ist mit einer leicht zugänglichen Schmelzrohrsicherung vor Überlastung geschützt.

Funkdimmer nur für Lichtquellen nutzen

Funkdimmer arbeiten nach dem Prinzip der Phasen-Anschnitt-Steuerung, wobei die Lampe eine nichtsinusförmige Spannung erhält. Während so genannte ohmsche Verbraucher wie Glühlampen oder Heizkörper damit klarkommen, können elektronische Geräte wie Radios oder Fernseher dadurch beschädigt werden!

7 Funk-Master-Slave verknüpft Funktionen

7 Funk-Master-Slave verknüpft Funktionen

Dieses Gerät ist eine Art Sender, der den Stromverbrauch von Geräten überwacht, die an ihn angeschlossen sind, und so unterschiedliche Funktionen miteinander verknüpft. Äußerlich unterscheidet es sich auf den ersten Blick nicht von der Funksteckdose oder dem Funkdimmer. Mit dem eingebauten Schalter kann man den Funk-Master-Slave (FMS) in Betrieb nehmen, der einen Steuerimpuls an das angeschlossene elektrische Gerät sendet. Da dieses auch im Bereitschaftsbetrieb Strom benötigt, verfügt der FMS über eine in sieben Stufen einstellbare Ansprechschwelle. Anwendungsmöglichkeiten gibt es viele: Ist der Fernseher an den Stromüberwacher angeschlossen, gibt dieser einen Steuerbefehl aus, sobald man das TV-Gerät einschaltet. So kann der FMS beispielsweise eine oder mehrere Funksteckdosen einschalten, an die Sat-Receiver, Videorekorder oder eine Dolby-Digital-Anlage angeschlossen sind – eben alle Geräte, die mit dem TV-Gerät verbunden sind. Die über Funksteckdosen gesteuerten Audio-Video-Geräte lassen sich selbstverständlich auch unabhängig vom FMS mit beliebigen Fernbedienungen schalten. Der FMS kann auch eine Waschmaschine überwachen, indem er eine Meldung abschickt, wenn das Waschprogramm abgelaufen ist.

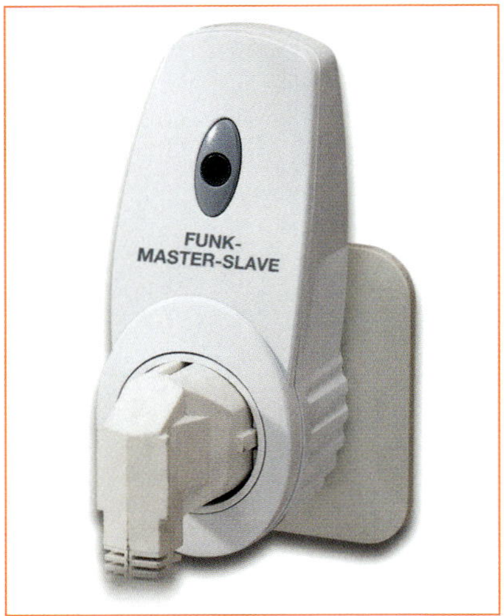

Abb. 7.1 – Der Funk-Master-Slave steuert Funksteckdosen, wenn man das an ihn angeschlossene Gerät ein- oder ausschaltet. Damit lassen sich unterschiedliche Funktionen verknüpfen.

7.1 Mit einer Taste programmieren

Der Funk-Master-Slave ist mit einer Taste zu programmieren, die eine Leuchtdiode unterstützt, die in verschiedenen Modi blinkt. Neben der Eingabe der Adresse sind mit dieser Taste der Schwellwert, die Wahl des Flankenmodus und der Timer zu programmieren. Der Flankenmodus legt fest, ob der Funk-Master-Slave einen Steuerbefehl sendet, wenn man das an ihn angeschlossene Gerät ein- oder ausschaltet. Der Stromüberwacher lässt sich trotz der einen Programmiertaste vollständig in das beschriebene Adresssystem integrieren. Auf den richtigen Hauscode und die richtige Adresse ist bei diesem Gerät dabei besonders zu achten. Sofern es nicht nur einen einzigen Signalgeber steuert, kann der FMS verschiedene Funksteckdosen schalten, die auch andere Sender des Haus-Steuersystems steuern – egal, ob Fernbedienungen, Wand- oder Unterputz-Sender. Damit das gemeinsame Schalten der Verbraucher einwandfrei funktioniert, sind in allen Sendern derselbe Hauscode und dieselbe Adresse einzugeben – zum Beispiel für den Hauscode 4-mal die 12, für die Adressgruppe 21 und die Zahl 11 für die Unteradresse.

Um das Programmierkonzept übersichtlicher zu machen, ist dem Gerät neben der Beschreibung eine DIN-A4-Seiten große Grafik beigelegt, die die einzelnen Zusammenhänge erklärt. Gleichzeitig informiert sie mit verschiedenen Pfeilsymbolen darüber, wie lange jeweils die Taste zu drücken ist, um in bestimmte Programmiermodi und deren Untermenüs zu gelangen. Dabei wird zwischen kurz drücken, länger als zwei Sekunden, länger als fünf Sekunden und länger als zwölf Sekunden drücken unterschieden. Betätigt man die Taste des Geräts zu lange, landet man schnell ungewollt in einem falschen Untermenü. Um diese Fehlerquelle zu minimieren, kann man die Tastzeiten mit einer Uhr mit leicht lesbarer Sekundenanzeige ermitteln. Außerdem ist es empfehlenswert, sich bereits eingegebene Zahlen zu notieren, um später nicht den Überblick zu verlieren. Ein Beispiel aus der Praxis: Wir wollen den achtstelligen Hauscode 12121212 eingeben. Dafür ist zuerst die Taste des Geräts fünf Sekunden lang zu drücken, bis die Leuchtdiode (LED) in langsamen Abständen blinkt. Nun ist die Taste abermals für zwei Sekunden zu drücken, bis die LED wieder langsam blinkt. Das Gerät steht dann zur Eingabe des Hauscodes bereit – und dabei gibt es eine nutzerfreundliche Besonderheit: Da beim Einstellen des Hauscodes die Zahl 1 bereits ab Werk eingetragen ist, lässt sich die Zahl 2 eingeben, indem man die Taste nur einmal kurz drückt. So spart man sich die Eingabe der Zahl 1. Für die Eingabe der Zahl 3 drückt man die Gerätetaste zweimal. Die eingestellte Zahl signalisiert dabei die LED: Leuchtet sie beispielsweise je zweimal mit

7.1 Mit einer Taste programmieren

einer kurzen Pause dazwischen, ist die Zahl 2 eingestellt. Die Eingabe bestätigt man mit einem weiteren, zwei Sekunden langen Tastendruck. Auch die restlichen Stellen des Hauscodes sind so einzugeben. Ob der gewünschte Hauscode tatsächlich programmiert wurde, überprüft man am besten mit dem Diagnosetool. In Tests brauchten wir mehr als fünf Versuche, bis der Stromüberwacher unseren Hauscode gespeichert hatte.

Ähnlich komplex wie die Programmierung des Hauscodes ist die Programmierung des Adresscodes. Wir wollen 21 11, also 21 für die Adressgruppe und 11 für die Unteradresse eingeben. Um in den Programmiermodus zu gelangen, ist die Taste des Geräts zuerst für fünf Sekunden, dann kurz und anschließend noch einmal für zwei Sekunden zu drücken. Anschließend sind die vier Zahlen so einzugeben wie im Kapitel *Adresssystem mit Fernbedienung programmieren* im Abschnitt *Hauscode* beschrieben. Die Zahl 1 ist auch hier wieder ab Werk voreingestellt.

Einfacher funktioniert das Einstellen der beiden Flankenmodi, des Befehlsmodus und des Timers. Da diese Bedienschritte umfangreich sind, ist trotzdem ein ausführliches Studium der Bedienungsanleitung zu empfehlen.

8 Flexibel einsetzbare Funkklingel

8 Flexibel einsetzbare Funkklingel

Eine weitere Komponente des vorgestellten Haus-Steuerungs-Systems ist die Funkklingel. Sie lässt sich nahezu an jeder Stelle anbringen – eben dort, wo man sie braucht, wahrscheinlich meist an der Tür. Dieser Klingelsender ist mit allen Funkempfängern des Haussteuersystems kompatibel und mit Batterien sehr flexibel einsetzbar. Zusammen mit dem Signalgeber, der im nächsten Kapitel beschrieben ist, spielt er einen individuell festlegbaren Klingelton ab. Neben ihrer Funktion als Türklingel eignet sich die Funkklingel auch als Notsender, beispielsweise am Krankenbett. Die bereits eingelegten Batterien erlauben eine Betriebsdauer von bis zu zehn Jahren. Im Gegensatz zu anderen Sendern des Haus-Steuerungs-Systems sind bei der Funkklingel Hauscode und Adresse ab Werk vorgegeben und lassen sich nicht im Nachhinein ändern. Der Türklingelsender überbrückt wie die anderen Sender des Haus-Steuersystems im Freien eine Entfernung von bis zu 100 m. Innerhalb von Gebäuden verringert sich die Reichweite auf ca. 20 bis 30 m. Da die Funkklingel nur einen Einschaltimpuls ausgibt, ist es nicht möglich, das Gerät per Funk auszuschalten. Das klappt nur mit dem eingebauten Taster.

9 Töne vom Signalgeber

9 Töne vom Signalgeber

Dieser Signalmelder ähnelt in seiner Bauform der Funksteckdose, besitzt aber statt einer Steckdose einen Lautsprecher. Im Gerät kann man bis zu acht individuelle Audiodateien hinterlegen, die bis zu 16 Sender aktivieren und abspielen können – zum Beispiel die zuvor beschriebene Funkklingel. Außerdem zeigt bei Bedarf eine eingebaute Leuchte ein Signal an. In der Software sind außerdem sechs verschiedene Gong-Audio-Files vom einfachen „Bimbam" bis zum „Westminster-Gong" vorprogrammiert, die veränderbar sind. Das Gerät besitzt eine USB-Schnittstelle und ist so über den PC programmierbar. Die mitgelieferte Windowssoftware erlaubt ein komfortables Konfigurieren und das Übertragen beliebiger Audiodateien.

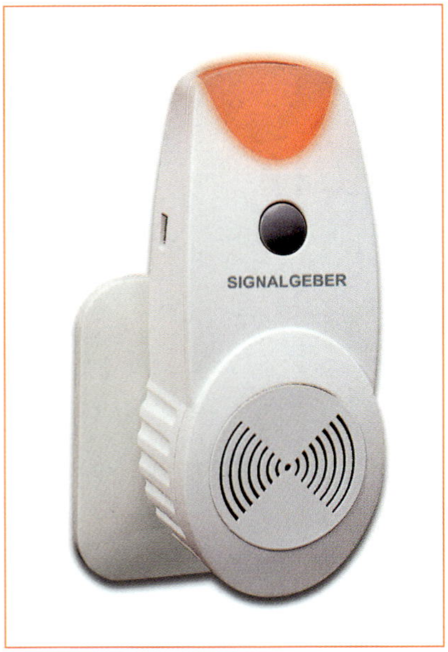

Abb. 9.1 – Auf Wunsch gibt der Signalmelder ein optisches Signal und einen individuell programmierbaren Ton aus. Bei der Quittierfunktion blinkt die Signalleuchte nach einem eingegangenen Senderruf solange, bis man die Taste am Gerät drückt.

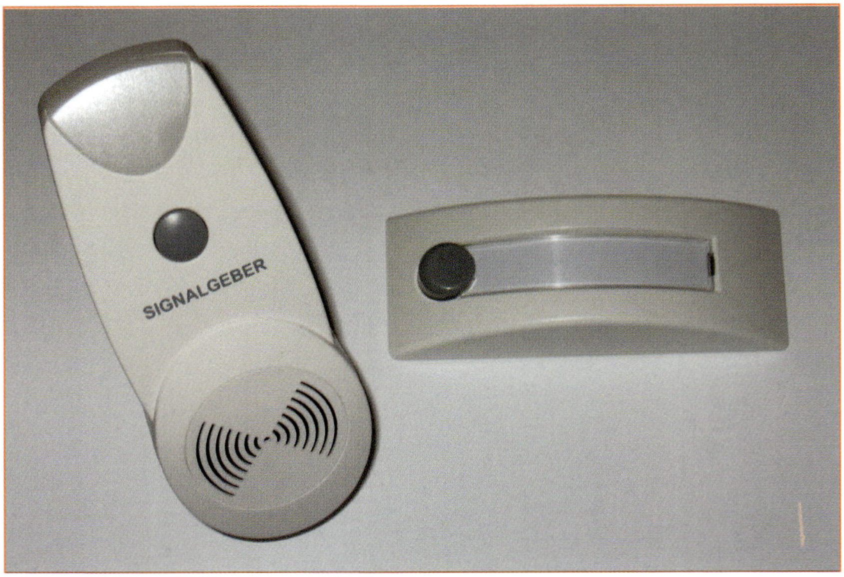

Abb. 9.2 – Eine denkbare Situation: Läutet es an der Tür, meldet der Signalgeber den Besuch – ohne vorherige Installationsarbeiten.

9.1 Allgemeine Einstellungen programmieren

Zuerst ist die Software der mitgelieferten CD-Rom auf dem heimischen Rechner zu installieren. Sollte die Installation nicht automatisch nach dem Einlegen der CD klappen, ist das Setup-Programm der CD zu starten. Während der Software-Installation darf der Signalgeber noch nicht am PC angeschlossen sein! Erst nachdem die Installation abgeschlossen ist, ist die USB-Verbindung zwischen PC und dem Signalgeber herzustellen. Das Gerät darf dabei nicht in einer Steckdose stecken! Nachdem der Rechner die neu angeschlossene Hardware erkannt hat, öffnet sich der Windows-Assistent *Suche nach neuer Hardware*. Hier ist die Option *Automatisch installieren* auszuwählen und auf *Weiter* zu klicken. Nun installiert der Rechner die erforderlichen USB-Treiber von der CD-Rom. Dabei kann eine Meldung *Windows-Logo-Test nicht bestan-*

Tipp

Nach jedem Programmstart sollte man zuerst die im Signalgeber gespeicherten Daten über die Schaltfläche *Laden* auf dem PC kopieren. Gehen später im praktischen Einsatz versehentlich Programmierungen verloren, kann man so jederzeit wieder die ursprüngliche Datei auf den Signalgeber überspielen. Das Gerät speichert auf den Kanälen 1 bis 8 bis zu acht Audiodateien im „wav-Format" mit einer Gesamtlänge von 24,5 Sekunden. Jedem Audiokanal kann man bis zu 16 Sendekanäle zuweisen. Neben den mitgelieferten Tönen kann man beliebige Audiodateien vom Rechner auf den Signalgeber überspielen. Diese müssen jedoch einige Voraussetzungen erfüllen, die nebenstehender Tabelle zu entnehmen sind. Weichen die gewünschten Audiofiles davon ab, muss man sie zuerst mit einem externen Musik-Editor-Programm bearbeiten. Um die Soundfiles an die Anforderungen des Signalgebers anzupassen, reicht eine Standardsoftware, die auf jedem PC vorhanden sein müsste.

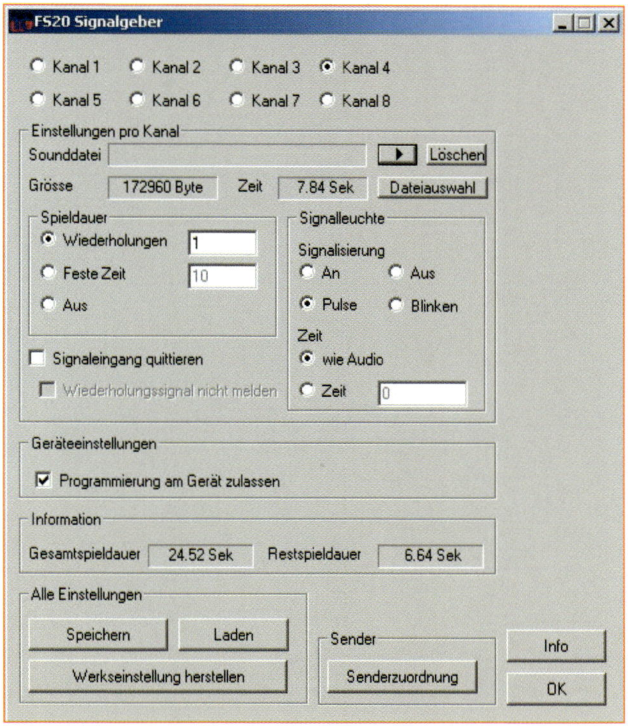

Abb. 9.3 – Menüoberfläche des Signalgebers.

Audiodateien für den Signalgeber müssen folgende Voraussetzungen erfüllen:	
wav-Format	
Auflösung:	8 Bit
Samplingrate:	22.050 Hz
Ein-Kanal-Mono	
Maximale Länge aller Audiodateien zusammen:	24,5 Sekunden

9.1 Allgemeine Einstellungen programmieren

den auftauchen, die man ignorieren sollte, um die Installation fortzusetzen. Die Installationsroutine wird mit *Fertig stellen* abgeschlossen. Die Programmiersoftware kann man bequem über das auf der Desktop-Oberfläche abgelegte Funktionssymbol starten. Zunächst ist dafür zu kontrollieren, ob die Software den Signalgeber erkannt hat. Ist dies der Fall, stehen die beiden Schaltflächen *Speichern* und *Laden* links unten in der Menüoberfläche bereit.

Um ein neues Audiofile zu laden, sind zuerst *Dateiauswahl* und anschließend *Öffnen* anzuklicken. Im nun geöffneten Fenster *Dateiauswahl* sucht man die gewünschte Datei aus dem Ordner von der PC-Festplatte oder der eingelegten CD und übernimmt diese mit *Öffnen*. Erfüllt die ausgesuchte Datei die Anforderungen, listet das Fenster *Dateiwahl* ihre Parameter, die man mit *OK* in das Hauptfenster übernimmt.

Rund die obere Hälfte des Hauptmenüs nimmt das Feld *Einstellungen pro Kanal* ein. Die in die Software geladenen Audiofiles lassen sich auswählen, indem man den Cursor zum betreffenden Kanal bewegt und ihn mit der linken Maustaste quittiert. Anschließend können sie über die Play-Taste abgespielt werden. Nicht mehr benötigte Audiodateien lassen sich mit dem *Lösch*-Button entfernen. Soll der Signalgeber über einen oder mehrere der acht Kanäle nur ein optisches Signal anzeigen, ist das dem Kanal ebenfalls zugeordnete Audiofile zu löschen.

Im Feld *Spieldauer einstellen* ist festzulegen, wie lange oder wie oft das Gerät ein Audiofile abspielen soll. Dazu empfängt der Signalgeber beispielsweise von der Funkklingel einen Impuls. Jeder gespeicherte Signalton kann ein- bis 255-mal abgespielt werden, alternativ lässt er sich auch für die Dauer von bis zu 255 Sekunden wiedergeben. Den Ton kann man auch hier ausschalten. Rechts neben *Spieldauer einstellen* kann man im Feld *Signalleuchte* diese so einstellen, wie sie

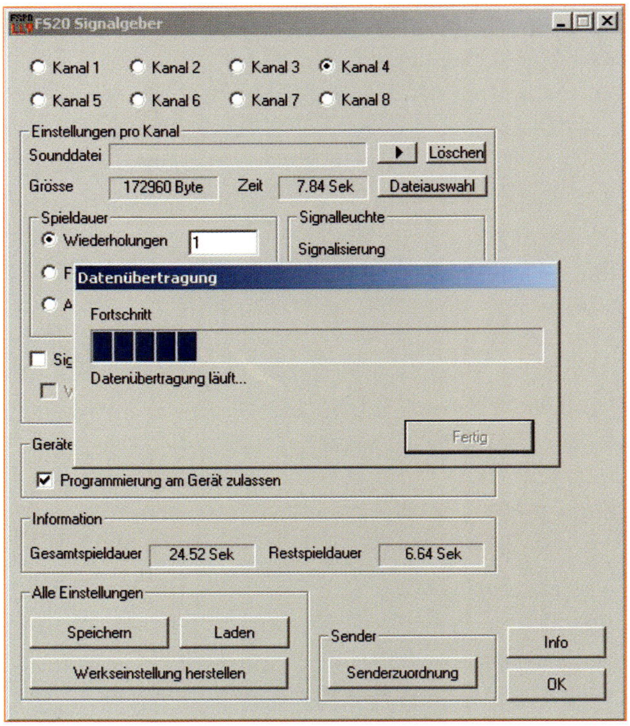

Abb. 9.4 – Klickt man auf *Laden* oder *Speichern,* werden die im Gerät aktive Datei auf den PC oder bereits bearbeitete Dateien in den Signalmelder übertragen.

ausgelöst werden soll. Dabei stehen vier Optionen zur Wahl, die die Tabelle erläutert.

Einstellparameter für die Signalleuchte	
An	Sie leuchtet durchgehend für die Dauer der eingestellten Zeit
Aus	Signalleuchte ist ausgeschaltet
Pulse	etwa jede Sekunde erfolgt ein kurzer Lichtblitz
Blinken	Signalleuchte blinkt im Sekundenrhythmus

9.1 Allgemeine Einstellungen programmieren

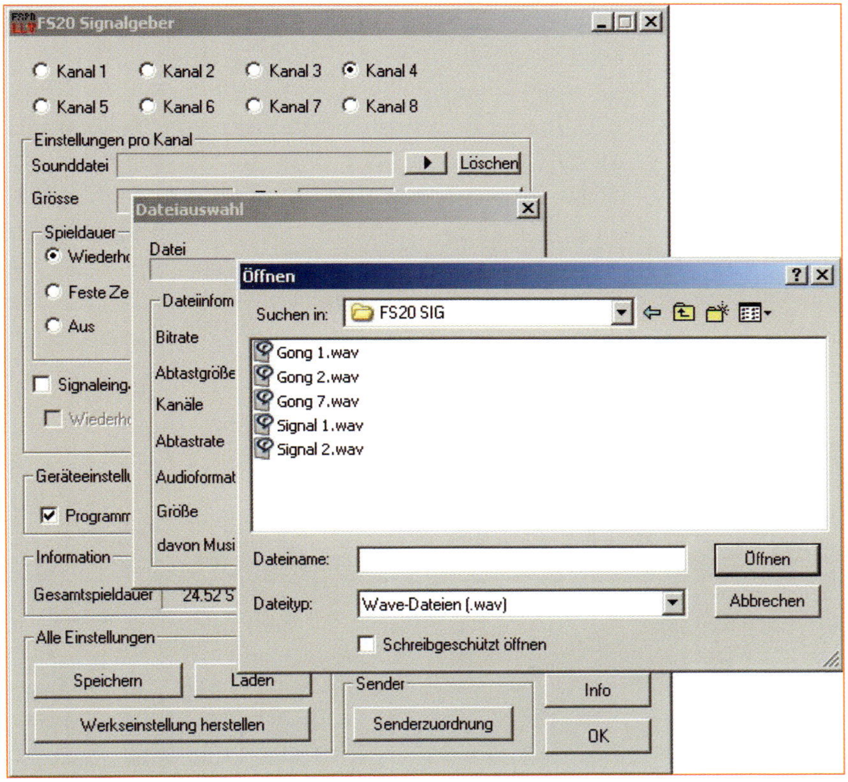

Abb. 9.5 – Den acht programmierbaren Kanälen des Signalgebers kann man individuelle Audiofiles im „wav-Format" zuordnen.

Unter *Zeit* sind das optische und das akustische Signal zeitlich einstellbar. Alternativ lässt sich das optische Signal für die Dauer von einer Sekunde bis zu 18 Stunden anzeigen. Mit *Signaleingang quittieren* kann man festlegen, ob nach einer Aktivierung eines Kanals die Signalleuchte so lange aufblitzen soll, bis der Signalempfang mit der Taste am Signalgeber bestätigt wird. Diese Funktion ist vergleichbar mit der „Schwersternklingel" im Krankenhaus. Nachdem ein Patient nach der Schwester geläutet hat, muss diese den Ruf direkt im Krankenzimmer quittieren.

Etwa in der Mitte des Hauptmenüs ist festzulegen, ob der Signalgeber nur über dem PC oder auch am Gerät selbst programmiert werden kann. Ist letzteres erwünscht, ist unter *Programmierung am Gerät zulassen* ein Häkchen zu setzen.

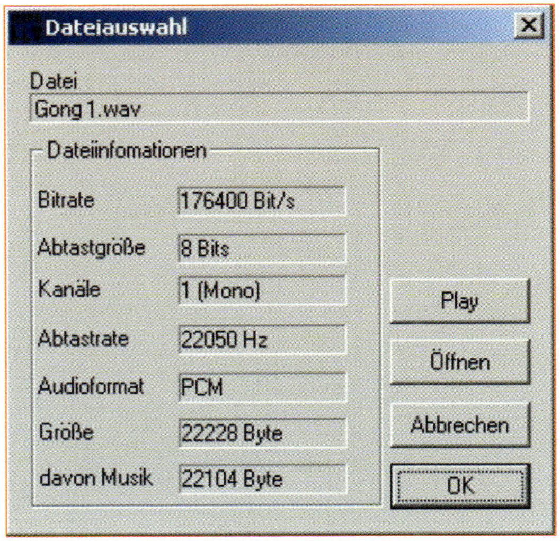

Abb. 9.6 – Parameter eines typischen wav-Audio-Files.

9.2 Sender programmieren

Der Signalgeber reagiert auf die Impulse von bis zu 16 Sendern, die sich auf den acht zur Verfügung stehenden Speicherkanälen beliebig zuordnen lassen. Dafür müssen Hauscode und Adresse der Sender bekannt sein, die das Diagnosetool bequem ausliest. Um Hauscode, Adressgruppe und Unteradresse der Sender eingeben zu können, ist im Hauptmenü die Schaltfläche *Senderzuordnung* anzuklicken. Im so gestarteten Fenster kann man die Codes von bis zu 16 Sendern eingeben. Den Sendern ist danach je einer der acht möglichen Audiofiles von Kanal 1 bis 8 zuzuordnen. Vergisst man, einen Sender einem Kanal zuzuordnen, fehlen Ton und optisches Signal. Um die Übersicht zu bewahren, kann man mit der Software jeden im Signalgeber programmierten Sender benennen. Bei späteren Wartungsarbeiten sieht man so beispielsweise auf einen Blick, dass der erste programmierte Signalgeber eine Klingel ist und der zweite eine Raumüberwachung. Zuletzt sind alle in der Software gesetzten Parameter auf den Signalgeber zu überspielen. Dazu ist im Hauptmenü die Schaltfläche *Speichern* anzuklicken.

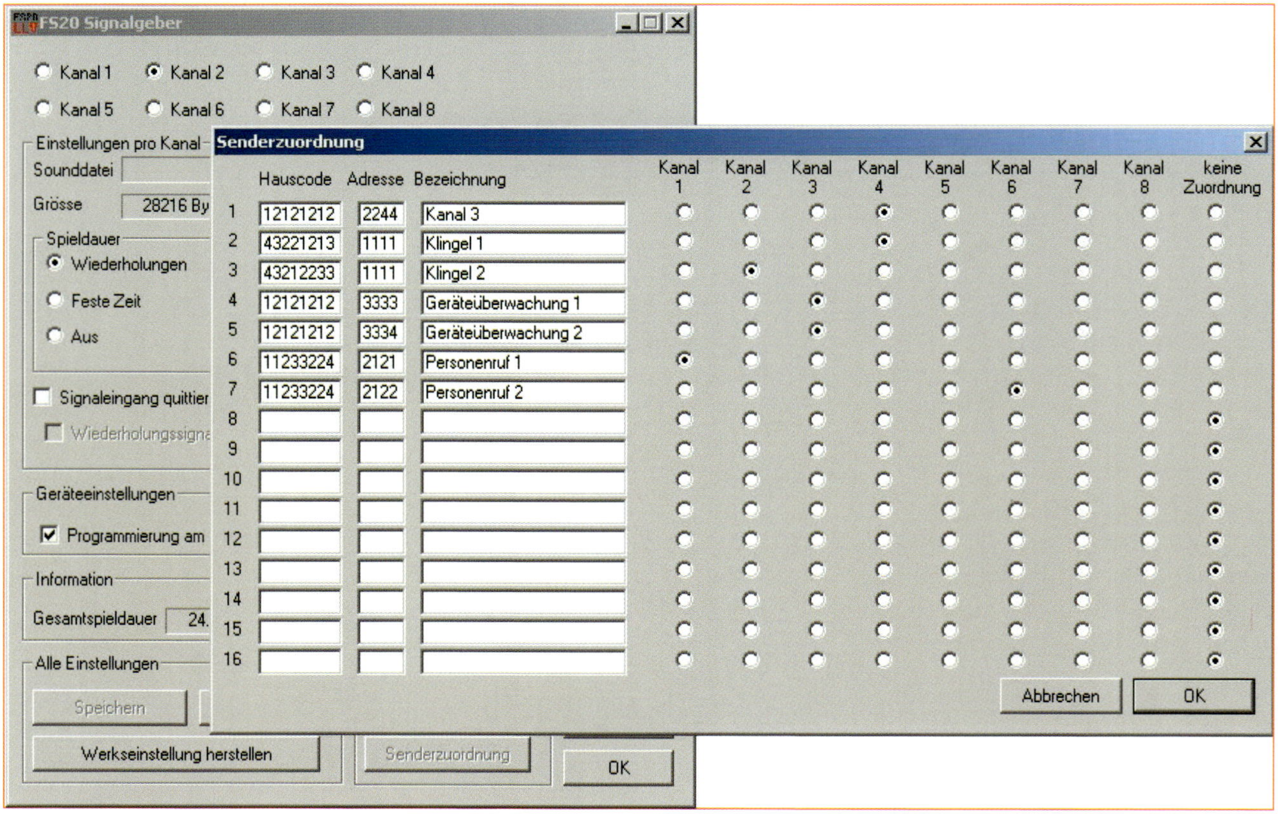

Abb. 9.7 – In diesem Untermenü sind alle Parameter der Geräte programmierbar, die den Signalgeber auslösen sollen. Hier lassen sich auch die verschiedenen Töne auf die einzelnen Kanäle des Signalgebers verteilen.

9.2 Sender programmieren

Hinweis

Im Gegensatz zu neuen Diagnosegeräten ab der Version 1.4 sind ältere Modelle nicht in der Lage, die Adressen von Klingelsendern auszulesen – die Geräteversion erscheint beim Einschalten. Damit kann man die Parameter der Funkklingel nicht mit dem PC in die Signalgeber-Software programmieren. In diesem Fall hilft es, die Funkklingel direkt am Signalgeber zu programmieren. Ist die Klingel einmal im Signalgeber programmiert, sind ihre Daten nachträglich mit der Signalgeber-Software auslesbar. Da sich Funkklingeln nicht umprogrammieren lassen, reicht es, sich die Codes zu notieren.

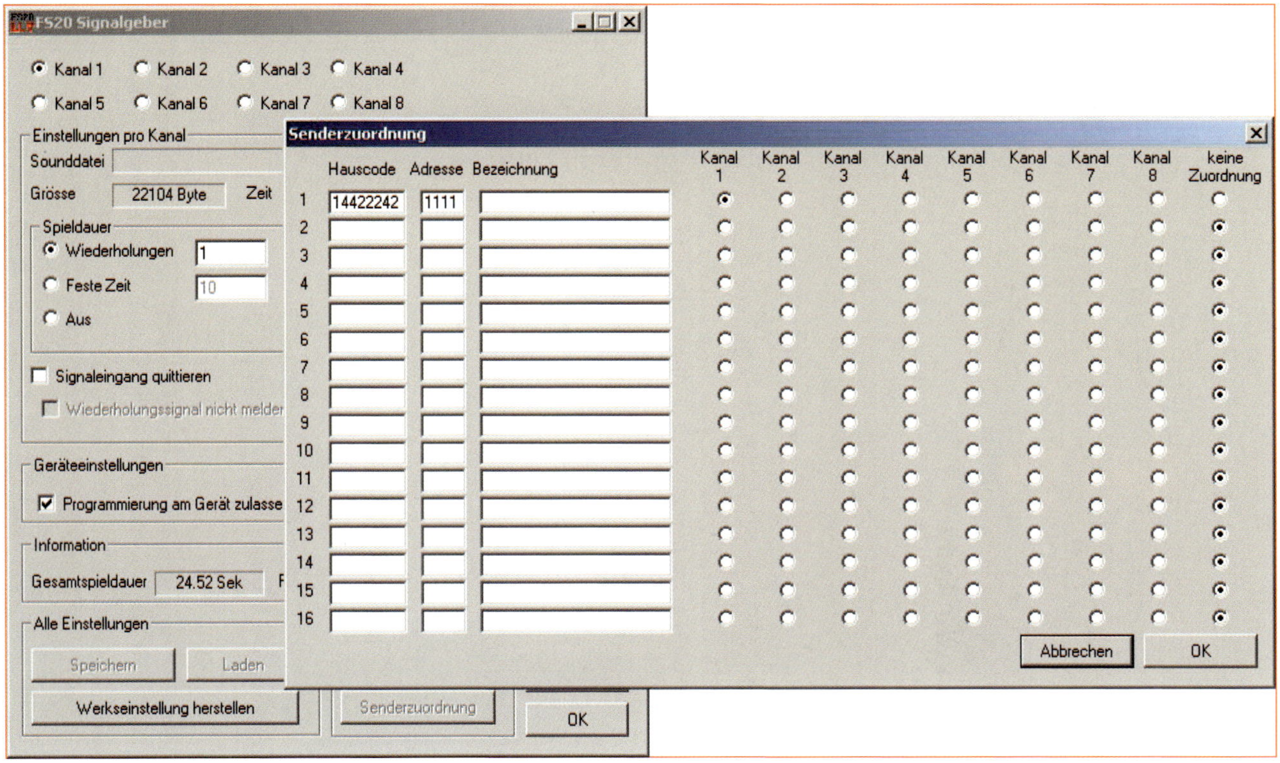

Abb. 9.8 – Die Adressen von Funkklingeln lassen sich mit der PC-Software des Signalgebers auslesen.

9.3 Programmieren ohne PC

Alternativ zum PC lässt sich der Signalgeber auch direkt am Gerät programmieren. Dazu ist zuerst die im Gerät eingebaute Taste für rund sieben Sekunden gedrückt zu halten, wobei nach rund zwei Sekunden die Signalleuchte zu blinken beginnt. Wenn sich nach rund fünf weiteren Sekunden die Blinkfrequenz ändert, kann man die Taste loslassen, da der Programmierbetrieb für Kanal 1 erreicht ist. Möchte man einen anderen Kanal programmieren, ist die Taste ein weiteres Mal zu drücken, so dass die Lampe in Abständen zweimal blinkt. Nachdem der gewünschte Kanal eingestellt ist, ist die Taste für rund zwei Sekunden zu drücken, bis die Signalleuchte dauerhaft aufleuchtet. Nun ein Druck auf die Sendertaste von Türklingel oder Fernbedienung, auf dessen Impuls der Signalgeber ansprechen soll, und aus dem Signalgeber erklingt die dem Funkkanal zugeordnete Melodie. Außerdem blinkt die Lampe kurz auf. Damit ist der Signalgeber auf diesen Sender programmiert.

Direkt am Gerät lassen sich auch einzelne Sender wieder löschen. Dazu drückt man die Gerätetaste für rund sieben Sekunden und wählt danach den gewünschten Kanal aus. Im Anschluss folgt noch einmal ein rund fünf Sekunden langer Tastendruck und die erlöschende Leuchte signalisiert, dass der auf diesem Funkkanal programmierte Sender gelöscht ist.

10 Funktimer automatisiert Abläufe im Haushalt

Abb. 10.1 – Der Funktimer hilft, verschiedene Abläufe im Haushalt funkgesteuert zu automatisieren.

Der Funktimer kann bis zu vier Geräte mit bis zu sechs Schaltzeiten fernsteuern. Mit ihm ist es so möglich, während der eigenen Abwesenheit in bestimmten Räumen Lampen einzuschalten, um Einbrecher abzuschrecken. Das Gerät kann auch zur warmen Tasse Kaffee am Morgen verhelfen, indem es die Kaffeemaschine über eine Funksteckdose rechtzeitig einschaltet. Man kann sich natürlich auch mit Sound aus der Hi-Fi-Anlage oder den neuesten TV-Nachrichten wecken lassen und bei Elektroheizungen Heizzeiten vorgeben. Die Einsatzgebiete des Funktimers sind vielfältig, da er sämtliche Elektrogeräte steuern kann, die einen Funkempfänger besitzen. Eine Ausnahme bilden komplexe Heizungsanlagen, für die es spezielle Funksteuerkomponenten gibt, die das Kapitel *Funkbasiertes Heizsystem erlaubt mehr als heizen* beschreibt. Der Funktimer lässt umfangreiche Adresszuweisungen zu, so dass er in Haus-Steuerungs-Systeme voll integrierbar ist. Alle Funkschalter, die der Timer automatisch steuert, kann man auch jederzeit per Hand mit den Ein-Aus-Tasten an den Geräten ein- und ausschalten.

10.1 Inbetriebnahme

Den Funktimer betreiben drei LR06-Mignon-Batterien, die in seinem stabilen Standfuß untergebracht sind. An der Vorderseite dominiert das großzügige Display, das Uhrzeit und Wochentag anzeigt. Nach dem Einlegen der Batterien ist zuerst die Uhrzeit einzustellen. Dafür drückt man die Taste „Uhr" so lange bis die Stundenanzeige blinkt, um diese mit den Tasten „Aus" und „Ein" einzustellen. Erst bei genauerem Hinsehen fällt auf der Aus-Taste ein kleines Minuszeichen und auf der Ein-Taste ein kleines Pluszeichen ins Auge. Nachdem die Zeit in Stunden eingestellt ist, geht man mit der Uhr-Taste, der auch eine Pfeil-Funktion zugeordnet ist, zur Minutenanzeige. Hat man diese ebenfalls mit den Plus-Minus-Tasten eingestellt, drückt man ein drittes Mal die Uhr-Taste, um so auch den Wochentag zu programmieren.

10.2 Timer ins Adresssystem einbinden

Im Auslieferungszustand ist im Funktimer ein beliebiger Hauscode eingespeichert. Wir erinnern uns, dass wir für unsere ersten Geräte bereits den Hauscode 12121212 festgelegt haben. Damit sich der Timer in die vorhandene Anlage integrieren lässt, sind einige Programmierarbeiten erforderlich. Zuerst wird er auf denselben Hauscode eingestellt, die auch die Fernbedienungen nutzen, die bereits auf den einheitlichen Hauscode programmiert sind. Um dafür in den Programmierbetrieb zu gelangen, sind die Tasten „Aus" und „Ein" für mehr als drei Sekunden gleichzeitig zu drücken. Das Display zeigt jetzt in der dritten Zeile links „HC" für Hauscode und etwa in der Mitte „1". Darüber sind die ersten vier Stellen des achtstelligen Hauscodes zu sehen, von denen die erste Stelle blinkt. Ihr Wert lässt sich so mit den Plus-Minus-Tasten ändern. Anschließend fährt man mit den darüber angeordneten Pfeiltasten an die zweite Stelle, die jetzt blinkt, um auch diese wie beschrieben zu ändern. Drückt man nach der Eingabe der vierten Zahl ein weiteres Mal die rechte Pfeiltaste, wechselt die Anzeige in die zweite Hauscode-Ebene, die an der Einblendung „HC 2" zu erkennen ist.

Nachdem der Hauscode angepasst ist, drückt man wieder die rechte Pfeiltaste, um zur Adressgruppe des ersten Kanals zu wechseln. Das Display zeigt diese Adressgruppe in der dritten Zeile als „AG Ebene 1" an. Auch dieser zweistellige Code ist wieder mit den Plus-Minus- und Pfeil-Tasten einstellbar. Drückt man danach noch einmal auf die rechte Pfeiltaste, gelangt man zur Unteradresse des ersten Kanals, die mit „EA" angegeben ist. Ein Tastendruck auf den rechten Pfeil und man kann der Reihe nach auch die Adresscodes und Unteradressen der Ebenen 2 bis 4 eingeben. Um die Programmierung der Adressen abzuschließen, drückt man auf die Taste „Ebene".

Anzeigen ändern

Jedes zu steuernde Gerät wird durch eine Adresse definiert, die sich aus Hauscode, Adressgruppe und Unteradresse zusammensetzt. Liest man die Adressen eines Senders mit dem Diagnosetool aus, zeigt sie das Display des Geräts unter den Kürzeln „HC", „AG" und „UA". Der Funktimer weicht bei den Adressbezeichnungen mit der Unteradresse „EA" etwas davon ab.

Kürzel für Adressbezeichnungen

Code-Art	Anzeige im Diagnosetool	Anzeige im Funktimer
Hauscode	HC	HC
Adressgruppe	AG	AG
Unteradresse	UA	EA

Wozu Adressen abstimmen?

Grundsätzlich kann der Anwender den Funktimer mit den ab Werk eingestellten Parametern betreiben. Übliche Funkempfänger wie eine Funksteckdose werden allerdings nur von einer Einzeladresse angesprochen. So hat man die Wahl, sie entweder mit der Fernbedienung oder automatisch mit dem Timer zu betreiben. Da Handsender und Funktimer ab Werk mit unterschiedlichen Adresscodes arbeiten, können sie nicht gleichzeitig denselben Funkempfänger ansprechen. Ist das dennoch gewünscht, müssen in beiden Sendern die gleichen Codes einprogrammiert sein. Nur dann ist es möglich, einen Funkempfänger manuell mit dem Handsender und automatisch mit dem Funktimer zu schalten. Die Adressen muss man vor dem ersten Programmieren des Funkschalters aufeinander abstimmen, weil dabei auch der im Timer eingestellte Hauscode an den Funkschalter übermittelt wird.

10.3 Funkempfänger zuordnen

Bevor die Timerzeiten eingestellt werden, sind dem Funktimer zuerst die Empfänger zuzuordnen, die er steuern soll. Dazu drückt man mehrmals die Taste „Ebene" und das Display zeigt in der dritten Zeile abwechselnd „Ebene 1" bis „Ebene 4". Das sind die vier Geräte, die der Funktimer steuern kann. Zuerst ordnen wir der „Ebene 1" einen Funkschalter zu. An ihm ist die im Gerät eingebaute Taste so lange zu drücken, bis er die Programmierbereitschaft anzeigt. Nun sind am Timer kurz die Tasten „Ein" oder „Aus" zu drücken, bei den Ebenen 2 bis 4 geht man analog vor. In diesem Programmierzustand funktioniert der Timer als Fernbedienung. Nachdem die gewünschte Ebene eingestellt ist, kann man die dem Timer zugeordneten Geräte jederzeit manuell ein- oder ausschalten.

10.4 Richtig ein- und ausschalten

Von den Fernbedienungen ist bekannt, dass sie, je nachdem, wie lange man die Kanaltasten drückt, unterschiedliche Steuerbefehle starten. Das ist beim Funktimer nicht anders. Schaltet man etwa eine Funksteckdose mit einem Einschaltimpuls von weniger als 0,4 Sekunden ein, startet die Ausschalt-Timer-Funktion. Sofern in der Funksteckdose die Ausschalt-Timer-Zeit programmiert ist, schaltet er sich automatisch nach Ablauf dieser Zeit aus. Gibt man vom Timer mit der Ein-Taste dagegen einen längeren Impuls ab, bleibt der Funkschalter bis zum manuellen Ausschalten über den Handsender in Betrieb. Steuert der Timer einen Funkdimmer, lässt sich die Helligkeit der Lampe mit seinen Plus-Minus-Tasten regeln, indem man diese länger drückt.

Abb. 10.2 – Der Funktimer schaltet zum Beispiel einen Elektroheizkörper ein.

10.5 Programmieren von Schaltzeiten

In den Programmierbetrieb gelangt man, indem man die Ebenen-Taste des Timers länger als drei Sekunden drückt. Mit dem Wechsel der aktuellen Uhrzeit auf „0:00" ist der Programmiermodus aktiv. Zuerst wählt man mit der Taste „Ein" die Betriebsart des Timers zwischen „Inaktiv", „Aktiv" oder „Zufall" aus. Um die Einschaltzeit festzulegen, ist die Taste „Uhr" zu drücken und die Stundenanzeige beginnt zu blinken. Mit den Tasten „Plus" und „Minus" lässt sich die Stunde der Einschaltzeit wählen. Drückt man nochmals „Uhr", gelangt man in den Minutenmodus, wo sich die Minuten wieder mit den Plus-Minus-Tasten des Geräts einstellen lassen. Ein weiterer Druck auf die Uhr-Taste und man kann mit den Pfeiltasten der Wochentag festlegen. In den Grundeinstellungen sind alle Wochentage aktiv. Alle nicht gewünschten Wochentage sind mit der Aus-Taste zu streichen. Alle Wochentage, an denen der Funktimer zur eingestellten Zeit aktiv wird, sind unterstrichen dargestellt.

Nun ist festzulegen, welches Gerät der Timer steuern soll. Nachdem man „Uhr" ein weiteres Mal gedrückt hat, ist mit den Pfeiltasten die Ebene 1 bis 4 auszuwählen, um die Ausschaltzeit des dort hinterlegten Geräts einzugeben. Dazu drückt man die Taste „Ebene" und tippt die Ausschaltzeit ein. Danach kann man nach kurzem Drücken der Ebenen-Taste weitere Programmplätze und damit Geräte programmieren, wobei maximal sechs Schaltzeitenpaare belegbar sind. Drückt man die Ebenen-Taste länger als drei Sekunden, werden der Programmiermodus verlassen und alle Timerfunktionen aktiviert.

Doppelte Programmierung der Timer beachten

Der Funktimer sendet beim Erreichen der vorprogrammierten Schaltzeiten kurze Impulse von weniger als 0,4 Sekunden. Ist zum Beispiel im eingebauten Timer des Funkschalters eine Ausschaltzeit vorprogrammiert, wird diese so aktiviert. Der Funkempfänger schaltet sich dadurch automatisch zur voreingestellten Zeit wieder ab – auch dann, wenn er laut Funktimer wesentlich länger laufen sollte. Damit man frühmorgens auch wirklich eine warme Tasse Kaffee bekommt, sollte man deshalb prüfen, ob im Funkschalter, den der Timer steuert, keine vorzeitige Ausschaltzeit eingestellt ist.

11 Sprachsensor schaltet Komponenten auf Ansage

11 Sprachsensor schaltet Komponenten auf Ansage

Computer, einschalten!" sagt Kaptain Kirk, wenn er mit seiner Mannschaft vom Raumschiff Enterprise durchs Weltall fliegt und etwas Neues erfahren möchte. Ganz so schlau ist der Sprachsensor des funkbasierten Haussteuersystems im 21. Jahrhundert zwar noch nicht, aber die Richtung stimmt. Hat man ihn über ein externes Netzgerät mit Strom versorgt, begrüßt eine freundliche Stimme „Willkommen Benutzer 1". Nach einer kurzen Pause ertönt „Trainingsmodus. Sagen Sie ein Wort", und gleichzeitig leuchtet eine kleine rote LED in der Mitte des Sprachsensors auf. Kurz darauf sagt uns das Kästchen noch, dass der Speicher leer ist.

Der Sprachsensor steuert bis zu vier verschiedene Funkempfänger. Neben dem bloßen Ein- oder Ausschalten beherrscht er auch die Dimmerfunktion. Mittels einfacher Sprachkommandos sind zielgerichtet Sendebefehle auslösbar. Eine zweistufige Spracherkennung sorgt für Sicherheit und eindeutige Zuordnung der Befehle. Für die Steuerung stehen vier Schaltkanäle bereit. Man kann sie etwa dazu verwenden, um einen Empfänger von mehreren Personen zu steuern. Alternativ sind bis zu vier unterschiedliche Geräte mit jeweils einem eigenen Namen individuell ansprechbar. Die Zuordnung der Kommandos ist durch einzeln einstellbare Adressen sehr flexibel zu konfigurieren.

Die Bedienung des Sprachsensors kann entweder über eine kleine Taste am Gerät oder sprachgesteuert erfolgen. In einem Trainingsbetrieb erlernt das Gerät sprecherabhängige Befehle und deren Zuordnung zu den Funkschaltern, die es steuern soll.

Abb. 11.1 – Der Sprachsensor reagiert auf gesprochene Befehle und schaltet beliebige Komponenten, ohne dass man dazu einen Finger rühren muss.

11.1 Aufbauen und einschalten

Der Sprachsensor arbeitet mit 6 bis 18 Volt Gleichspannung, die ein externes Netzgerät bereitstellen muss. Der Anschluss ans Netzteil erfolgt dabei über eine 3,5-mm-Klinkenbuchse. Man muss den Klinkenstecker so ans Versorgungskabel anschließen, dass der Pluspol am vorderen Ende liegt. Bei korrektem Anschluss meldet sich der Sprachsensor mit einem akustischen Willkommensgruß. Bei der erstmaligen Inbetriebnahme ist zunächst der Speicher zu löschen und das Gerät zu initialisieren. In der Werkseinstellung arbeitet der Sprachsensor mit dem Hauscode 1111 1111 und der Adresse 44 44. Zum Zurücksetzen ist die Gerätetaste gedrückt zu halten, während man den Netzgerät-Klinkenstecker einsteckt. Anschließend ist der Taster loszulassen und wiederholt zu drücken. Das Gerät fragt nun "Speicher löschen? Ja oder Nein" und wartet auf eine Antwort, was die leuchtende LED signalisiert. Nachdem man mit „Ja" geantwortet hat, verkündet der Sprachsensor nach rund zehn 10 Sekunden, dass der Speicher gelöscht wurde.

11.2 Hauscode programmieren

Um in den Hauscode-Programmier-Betrieb zu gelangen, ist die Gerätetaste zu drücken, bis die blinkende LED erlischt und ein kurzer, tiefer Signal-Ton ertönt. Nun meldet sich der Sprachsensor mit „Hauscode Setup". In Folge liest er den Hauscode Ziffer für Ziffer mit kurzen Pausen vor. Mit jedem Tastendruck ändert man dabei die gerade vorgelesene Ziffer. Gibt das Gerät etwa als eingespeicherte Ziffer „1" an, schaltet man durch einen Tastdruck auf „2", durch zweimaliges Drücken auf „3" und so weiter. Dabei darf man jedoch nicht zu schnell hintereinander tasten – denn jede Eingabe bestätigt der Sprachsensor, indem er die eben eingegebene Ziffer nennt. Nachdem so alle acht Stellen des Hauscodes durchgearbeitet wurden, meldet das Gerät „Erkennungsmodus", und die Programmierung des Hauscodes ist abgeschlossen. Zum Überprüfen des eben programmierten Hauscodes ist dessen Modus noch einmal zu starten, damit der Sprachsensor den aktuellen Hauscode vorlesen kann. Falsche Zahlen kann man so umgehend korrigieren. Nachdem der Hauscode eingestellt ist, kann man im Anschluss nicht sofort den Adresscode programmieren!

11.3 Sprachsensor reagiert auf Kommandowörter

Der Sprachsensor verwaltet vier Speicherplätze, die mit individuellen Triggerwörtern zu programmieren sind. Diese Wörter sind die Voraussetzung dafür, dass man das Gerät über ein nachfolgendes Kommandowort steuern kann. Es reagiert auf die fünf Kommandowörter „Ein", „Aus", „Niedrig", „Mittel" und „Voll". Diese Wörter erkennt das Gerät unabhängig von der sprechenden Person. Nachdem man den Sprachsensor mit einem individuellen Triggerwort aktiviert hat, können ihn alle Personen steuern, indem sie die Befehlswörter nennen.

11.4 Programmieren der Triggerwörter

Beim Programmieren der Triggerwörter sollte es im Raum still sein. Eingeschaltete Radios, PC-Lüfter oder vorbeifahrende Autos können die sprachgesteuerte Programmierung stören und scheitern lassen. Umherlaufen im Raum erlaubt der Sprachsensor ebenfalls nicht. Die gesamte Programmierung der Triggerwörter und ihre Zuordnung zu bestimmten Adressen erfolgt interaktiv. Dazu ist das Gerät durch einen Tastendruck von etwas über einer Sekunde in den Trainingsbetrieb zu versetzen. Zuerst meldet der Sensor den Speicherplatz, auf den er gerade eingestellt ist, beispielsweise „Benutzer 1". Wird ein anderer der vier Speicherplätze gewünscht, ist er mit der Taste anzuwählen. Mit „Trainingsmodus, sagen Sie ein Wort" wird man zum Speichern eines Triggerwortes aufgefordert. Möchte man etwa eine Lampe schalten, kann man zum Beispiel „Licht" sagen. Anschließend fordert das Gerät mit „Wiederholen Sie" zur nochmaligen Nennung des Wortes auf. Wurde das Triggerwort korrekt gespeichert, bestätigt es der Sprachsensor mit den Worten „Akzeptiert, Adress-Setup". Sollte das nicht so sein, fordert er auf, das Wort zu wiederholen.

11.5 Adress-Setup

Nachdem der Sprachsensor ein Triggerwort angenommen hat, schaltet er in den Adress-Setup und liest den im Gerät gespeicherten Adresscode Ziffer für Ziffer vor. Ab Werk ist 44 44 eingestellt, das einer globalen Masterfunktion entspricht. Sie schaltet im Sendebereich alle Funkempfänger, die auf diesen Code programmiert sind.

Zur Eingabe einer individuellen Einzeladresse ist nach Ansage der ersten Ziffer die Taste so oft zu drücken, bis das Gerät die gewünschte Ziffer ansagt. Nach einer kurzen Pause verkündet es die zweite Adresse, die man auch so ändern kann. Nachdem alle vier Stellen des Adresscodes eingegeben sind, schließt das Gerät diesen Modus mit der Durchsage „Erkennungsmodus" ab.

11.6 Empfänger zuordnen

Ist der Sprachsensor programmiert, muss man ihm die Funkempfänger zuzuordnen, die er steuern soll. Nachdem das Gerät in den Programmierbetrieb versetzt wurde, gibt man mit dem Taster einen kurzen Impuls, den der Sprachsensor mit einem hohen „Piep" bestätigt. Anschließend tastet man einen zweiten kurzen Impuls, den das Gerät mit einem tiefen Piepton quittiert.

11.7 Spracherkennung in der Praxis

Was bei der Programmierung des Sprachsensors gilt, gilt auch bei seiner praktischen Anwendung: Es muss im Raum still sein. Am ehesten reagiert das Gerät, wenn man das Steuer- oder Kommando-Wort aus der Entfernung spricht, aus der man es aufgezeichnet hat. Unsere Tests haben ergeben, dass der Sensor kaum noch reagiert, wenn die Distanz rund einen Meter davon abweicht. Auch auf korrekte Aussprache sollte man achten. Spricht man ein Wort nur geringfügig anders aus, als man es im Trainingsmodus auf das Gerät gesprochen hat, reagiert dieses nicht. Selbst bei einfachen Wörtern wie „Licht" kann es so Probleme geben. Neben der Artikulation unterscheidet der Sprachsensor auch Sprachhöhe und Sprachmelodie. Einfache Selbstlaute wie A erkennt er besser als Umlaute. Um Freude mit dem Gerät zu haben, muss man das Sprechen trainieren und geeignete Wörter auswählen. Da Spracherkennung keine exakte Wissenschaft ist, darf man nicht erwarten, dass sie immer einwandfrei funktioniert. Stets ist ein Kompromiss zwischen ausreichender Sicherheit gegenüber Störgeräuschen einerseits und verschiedenen Formen der Aussprache von Wörtern anderseits zu finden. Man sollte sich deshalb für das Sprachtraining etwas Zeit nehmen und experimentieren.

Damit die Spracherkennung klappt

Der Sprachsensor orientiert sich an der Wortmelodie und markanten Strukturen innerhalb des Wortes. Kurze, einsilbige Wörter enthalten nur wenige Informationen und eignen sich deshalb kaum. Unsere Versuche mit dem Wort „Licht" haben das belegt. Hier ist außerdem die Verwechslungsgefahr mit anderen ähnlich klingenden Wörtern groß. Mehrsilbige Wörter, wie „Beleuchtung" oder „Deckenlampe", eignen sich dagegen besser. Das Triggerwort kann sogar aus mehreren Wörtern wie „Beleuchtung schalten" bestehen. Am zuverlässigsten arbeitet der Sprachsensor mit drei- bis sechssilbigen Wörtern mit markanter Sprachmelodie. Besonders eignen sich Wörter mit mehreren Selbstlauten (a, e, i, o, u) und wenigen harten Konsonanten (t, k, p,...).

11.8 Hintergrundgeräusche und Raumakustik

Jede Spracherkennung funktioniert am besten in ruhigen Räumen. In der Praxis ist man jedoch meist mit Hintergrundgeräuschen konfrontiert. Diese berücksichtigt der Sprachsensor im Erkennungsmodus und funktioniert so auch bei geringen Störgeräuschen. Bis zu welchem Pegel er Störgeräusche akzeptiert, hängt unter anderem von der Art des Geräusches, dessen Abstand vom Sensormikrofon und von der Raumakustik ab. Die Wahrscheinlichkeit, dass sich die Raumakustik störend bemerkbar macht, steigt auch mit zunehmender Entfernung des Sprechers vom Mikrofon.

Spracherkennung verträgt keinen Hall und keine Echos

Hall und Echos vertragen sich gar nicht mit einer einwandfreien Spracherkennung, weil sie die markanten Strukturen von Wörtern verwischen. So empfängt das Mikrofon schlimmstenfalls anstatt klarer Wörter nur diffuse Geräusche. Problematisch sind beispielsweise große Flächen, die den Schall gut reflektieren können. Zu ihnen zählen geflieste Böden und/oder Wände sowie größere Fensterflächen. Positiv wirken sich hingegen Schall schluckende Materialien aus, zu denen Holzvertäfelungen, Teppiche und Polstermöbel gehören. Unter guten Voraussetzungen sollte die Sprachsteuerung bei einer Entfernung zwischen einem und drei Metern vom Sensormikrofon funktionieren. Beste Ergebnisse erhält man, wenn man die Kommandowörter etwa aus der Position in den Sprachsensor programmiert, von der man später auch bevorzugt die Steuerbefehle sprechen möchte.

Vorsicht bei Heißlüftern!

Da Sprachsensoren auf Geräusche reagieren, ist nicht auszuschließen, dass sie auch in Abwesenheit Schaltbefehle auslösen. Man sollte es deshalb vermeiden, mit dem Sensor Geräte zu steuern, die unbeaufsichtigt zu Schäden führen können oder Lärm verursachen. Hierzu gehören etwa Heißlüfter oder Sirenen. Ist man längere Zeit nicht zu Hause, sollte man außerdem sicherheitshalber den Sprachsensor von der Stromversorgung trennen. Man sollte ihn auch nicht für Notrufanlagen verwenden, weil sich in Notsituationen die Stimme durch Stress verändert. Außerdem vergisst man in solchen Situationen oft wichtige Dinge – zum Beispiel die erforderlichen Triggerwörter.

11.9 Mehrere Sprachsensoren betreiben

In einem Raum lassen sich auch mehrere Sprachsensoren betreiben, wenn man mehr als vier Empfänger steuern möchte. Da in diesem Fall für jedes zu schaltende Gerät eigene Triggerwörter vergeben werden, können sich mehrere Sprachsensoren nicht gegenseitig in die Quere kommen. Nutzt man für zwei unterschiedliche Funktionen die gleichen Triggerwörter, lassen sich diese beiden Funktionen zugleich schalten. So kann man beispielsweise die Rollläden und das Licht zusammen steuern. Zwei Sprachsensoren mit identischer Programmierung innerhalb eines Raumes sind außerdem sinnvoll, wenn man die Steuerbefehle von verschiedenen Stellen abgeben möchte. Da Sprachsensoren auf Schaltbefehle aus größerer Entfernung nur unzureichend reagieren, kann ein zweiter Sensor helfen, einen größeren Raum abzudecken. Damit das funktioniert, müssen beide Geräte auf die gleichen Triggerwörter und Adressen programmiert sein.

12 Welche Entfernung überbrücken die Sender?

Die verschiedenen Haus-Steuerungs-Sender überbrücken im Freien eine Distanz von bis zu 100 m, so dass sie sich gut für Steuerzwecke selbst über größere Entfernungen eignen. Innerhalb von Gebäuden ist die Reichweite dagegen weitaus geringer, weil Wände und Decken das Signal erheblich dämpfen können. Welche Distanzen tatsächlich überbrückt werden, hängt ab von den Materialien, aus denen ein Haus gebaut ist. Dicke Stahlbeton-Bauten dämpfen Funksignale weitaus mehr als ein Holzhaus.

12.1 Praxistest

Wir haben die Reichweite der beschriebenen Sender in der Praxis in einem Einfamilienhaus getestet. Einen Empfänger des Funk-Steuersystems haben wir auf dem Dachboden, je einen weiteren im ersten Stock und im Erdgeschoss aufgestellt. Anschließend haben wir versucht, aus dem Keller alle Geräte zu steuern. Die Steuersignale wurden immerhin im Erdgeschoss und im ersten Stock empfangen. Lediglich den Funkempfänger auf dem Dachboden erreichten die Steuersignale nicht mehr. Mehrere Versuche, den Steuerbefehl zu übertragen, schlugen fehl. Immerhin gelang es, aus dem Freien und aus der Garage alle Empfänger mit der Fernbedienung zu betreiben. In Gebäuden sind meist Reichweiten von 20 bis 30 m realistisch. Mit Funk-Repeatern lässt sich selbstverständlich eine deutlich größere Entfernung überbrücken, die leicht mehrere hundert Meter betragen kann.

12.2 Gestörter Empfang vermindert Reichweite

Das beschriebene Haussteuersystem sendet auf 868 MHz im so genannten ISM-Frequenzbereich, den auch andere Funkanwendungen nutzten. Beeinflussungen durch andere Geräte, die auf derselben oder einer benachbarten Frequenz senden, sind nicht auszuschließen. Sie schwächen das Signal ab, das beim Empfänger ankommt, und verkürzen so die Entfernung, die ein Sender überbrücken kann. Hinzu kommen mögliche Störungen durch Computer, Absorber-Kühlschränke, Fernseher und andere elektronische Geräte, die die Reichweite von Funk-Steuersystemen ebenfalls erheblich einschränken können. Bei extremen Störungen sind mehrere Schaltimpulse erforderlich, ehe diese den Funkempfänger erreichen. Da viele Komponenten des Funk-Steuerungs-Systems allerdings im Hausinneren betrieben werden, ist die Wahrscheinlichkeit eher gering, dass sie in der Nachbarschaft genutzte Funksysteme stören. Am wenigsten ist mit Störungen in Einfamilienhäusern zu rechnen, da die Abstände zu den Nachbarn am größten sind. Neben Wänden können auch Bäume, elektrische Geräte oder Metalle im Bereich der Funkstrecke das Steuersignal dämpfen.

13 Funkbasierte Elektroinstallation spart viel Arbeit und Material

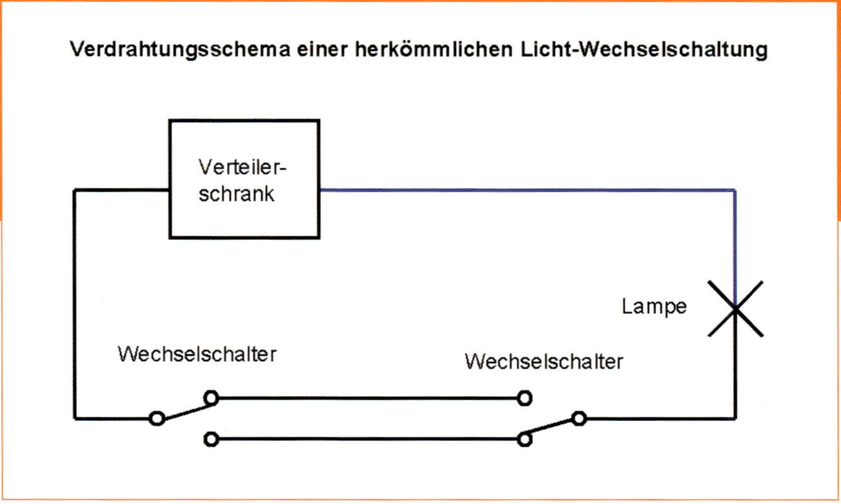

Abb. 13.1 – Die Skizze zeigt den üblichen Installationsaufwand für eine Wechselschaltung: Vom Verteilerkasten führt zunächst ein Draht zum ersten Schalter, von dem zwei Leitungen zum zweiten Schalter zu verlegen sind. Erst vom zweiten Schalter führt ein Draht zur Lampe, und von dort geht es wieder zurück zum Verteilerkasten. Das erfordert umfangreiche Stemmarbeiten.

Herkömmliche Elektro-Licht-Installationen sind äußerst umfangreich. Sie verlangen das Verlegen von Leitungen zu jedem Schalter und jeder Lampe. Soll eine Lichtquelle etwa von zwei Orten aus zu schalten sein, ist eine so genannte Wechselschaltung zu installieren. Dabei führt vom Verteilerkasten zuerst eine Leitung zum ersten Schalter. Von diesem sind zwei Adern

13 Funkbasierte Elektroinstallation spart viel Arbeit und Material

zum zweiten Schalter und von diesem wiederum eine Leitung zur Lichtquelle zu verlegen. Zuletzt braucht man für einen geschlossenen Stromkreis noch eine Leitung von der Lampe zurück zum Verteilerschrank und eine Erdungsleitung. Um eine solche Schaltung realisieren zu können, sind umfangreiche Stemmarbeiten erforderlich. Hier kann das Funk-Steuersystem helfen, viel Arbeit beim Verlegen von Leitungen zu sparen, da die Lichtschalter per Funk gesteuert werden. Da nur noch die Drähte vom Verteilerkasten zur Lampe erforderlich sind, spart man außerdem viel Material. Bei unserem Wechsel-Schalter-Beispiel genügt es deshalb, zwei Funkschalter zu montieren.

Neben Funksteckdosen verringern auch Einbau-Funk-Dimmer, unterschiedlichste Wandsender und funkbasierte Wandschalter den Elektro-Installations-Aufwand im Haus erheblich. Man unterscheidet zwischen Geräten, die an der Wand zu befestigen sind, und Unterputzvarianten, die man in Elektro-Installations-Dosen einbaut. Im Folgenden beschreibt dieses Buch unterschiedlichste Modelle.

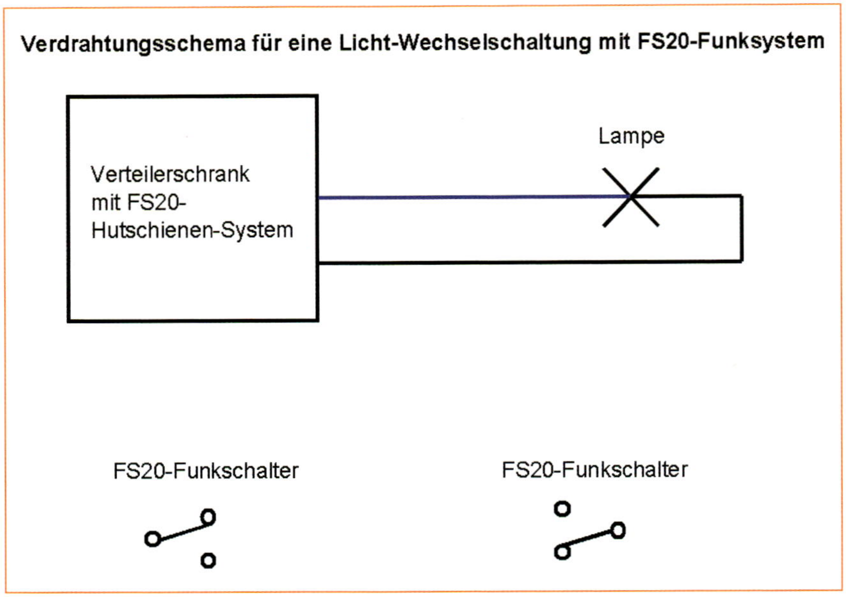

Abb. 13.2 – Mit dem funkbasierten Haus-Steuerungs-System entfallen bei Lichtschaltern die Leitungen zu den Lampen, weil die Schaltfunktion die Funksteckdose übernimmt.

Abb. 13.3 – Umfangreiche Stemm- und Installations-Arbeiten lassen sich mit dem beschriebenen Funksystem entscheidend verringern.

13.1 Unterputzschalter ersetzt klassischen Lichtschalter

Der Unterputz-Funk-Schalter ersetzt den klassischen Lichtschalter und gleicht in seinen Funktionen der Funksteckdose. Mit seinen Abmessungen von 57 mm Durchmesser und ist 32 mm Höhe findet er fast überall Platz. Da er keine eingebauten Bedienungselemente hat, braucht man zusätzlich einen herkömmlicher Taster.

Installation

Zuerst betrachten wir den Unterputzschalter, in dem seitlich vier Klemmen eingebaut sind, etwas genauer. An die mit L und N beschrifteten ist die Netzversorgung anzuschließen, die aus einer schwarzen (L) und blauen Ader (N) besteht. Beide kommen direkt vom Verteilerkasten und dort von der Sicherung, die diesem Stromkreis zugeordnet ist. Da das Gerät über diese Drähte den Strom bezieht, ist eine Batterie nicht erforderlich. Die beiden noch nicht belegten Klemmen sind

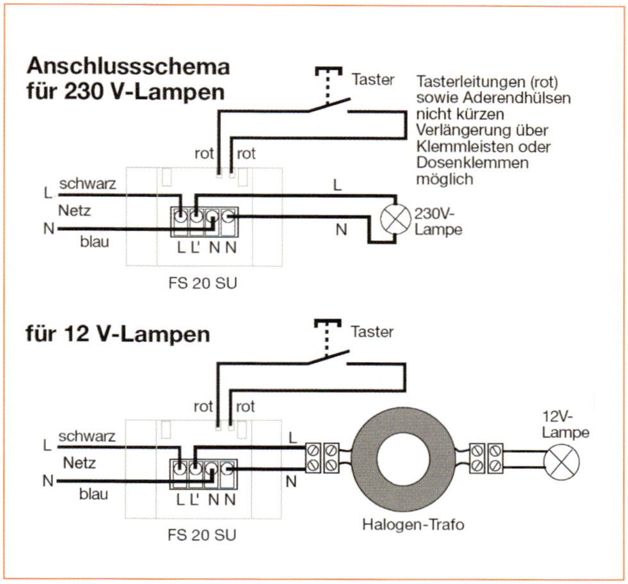

Abb. 13.4 – Anschlussschema des Unterputzschalters.

Abb. 13.5 – Der funkbasierte Unterputzschalter lässt sich bequem dort einbauen, wo er leicht Platz findet, zum Beispiel in einer Verteilerdose.

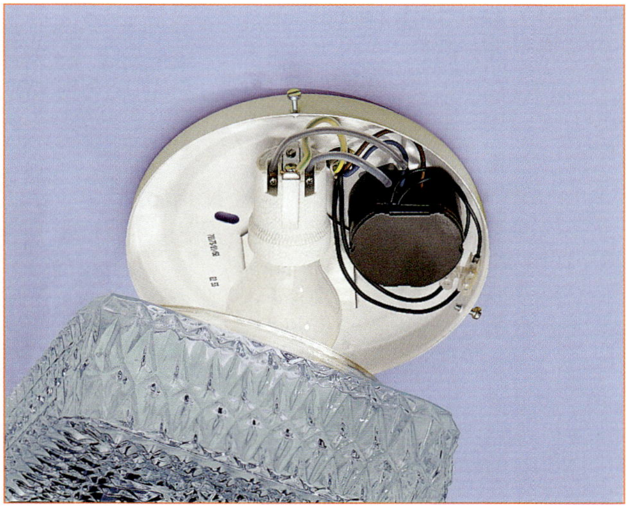

Abb. 13.6 – Ist in der Lampe Platz, kann man den Sender auch dort einbauen und trotzdem damit ein anderes Gerät steuern.

13.1 Unterputzschalter ersetzt klassischen Lichtschalter

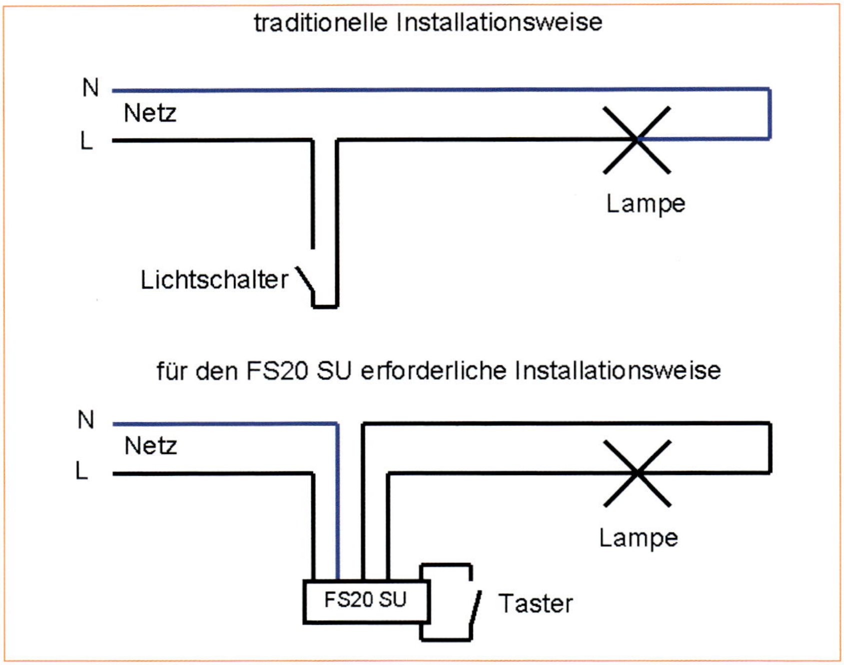

Abb. 13.7 – Vergleich zwischen herkömmlicher Installation und der Verdrahtung mit dem funkbasierten Unterputzschalter.

mit L' und N beschriftet, an die beide Drähte anzuschließen sind, die vom Stromverbraucher kommen. So sind zur Unterputzdose, in der der Funkschalter eingebaut ist, je zwei Drähte vom Verteilerkasten und zwei weitere zum Stromverbraucher, zum Beispiel einer Lampe, zu verlegen.

Aus dem Unterputz-Funkschalter ragen außerdem zwei, rund 10 cm lange rote Drähte heraus, an die ein handelüblicher Taster anzuschließen ist. Dieser erfüllt zwei Funktionen: Einerseits kann man mit ihm vor Ort das Licht auf althergebrachte Weise ein- und ausschalten, andererseits braucht man ihn, um den Funkschalter zu programmieren. So erfüllt dieser die gleichen Funktionen wie die Funksteckdose, bis hin zur integrierten Timerfunktion.

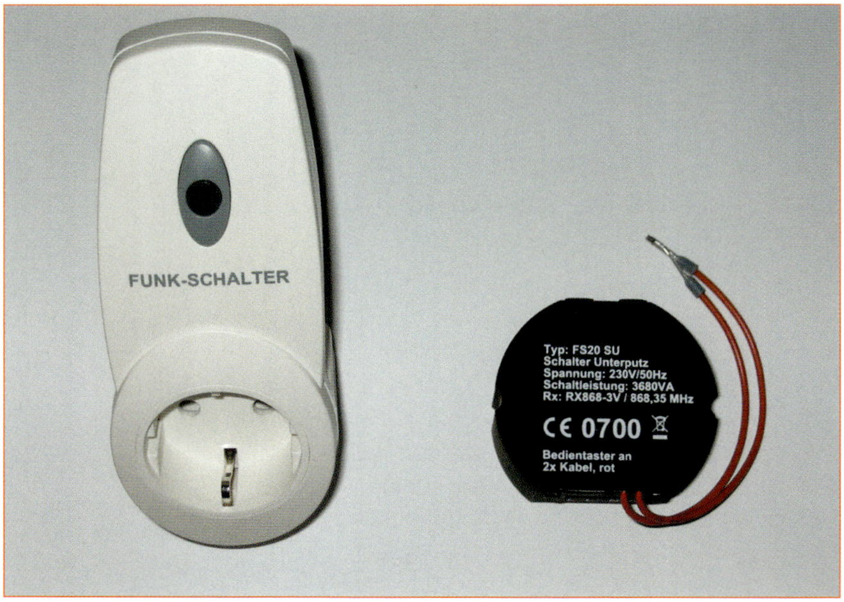

Abb. 13.8 – Zwei verschiedene Geräte und doch identische Funktionen: Während die Funksteckdose einzelne angesteckte Geräte schaltet, übernimmt der Unterputzschalter die gleiche Aufgabe im Installationsbereich und steuert zum Beispiel die Raumbeleuchtung.

13.2 Unterputzsender steuert ohne Kabel

Der Unterputzsender kommt im Gegensatz zum Unterputzschalter ohne jede Drahtleitung aus. So kann man mit dem Gerät auf einfache Art Elektroinstallation erweitern, ohne Wände aufstemmen zu müssen. Ein Beispiel: Bei der klassischen Hausinstallation muss man vom Verteilerkasten ein Installationsrohr zum Schalter und von dort zum Stromverbraucher verlegen. Soll eine Lampe von drei Stellen schaltbar sein, man spricht auch von einer Kreuzschaltung, bedeutet das viel Arbeit und Schmutz. Mit dem Unterputzsender lässt sich dieser Aufwand entscheidend minimieren. Er ist der Problemlöser, wenn irgendwo ein oder mehrere Funkschalter installiert werden sollen, aber am Montage-Ort keine Netzinstallation zur Verfügung steht. Der Unterputzsender steuert alle möglichen Empfänger. Neben Funksteckdose und Funkdimmer gehören auch Funk-Komponenten dazu, die in den Verteilerkasten einzubauen sind.

Der flache, batteriebetriebene Sender ermöglicht den ortsunabhängigen Anschluss von bis zu vier Installationstastern und so die Steuerung von bis zu vier Funktionen. Dabei überbrückt er im Freien bis zu 50 m und besitzt eine bereits installierte hochwertige Batterie, die eine Lebensdauer von 10 Jahren besitzt. Mit einer Höhe von 15 mm passt der Sender exakt in eine handelübliche Installationsdose, in die er verdrehsicher hinter einem Taster eingebaut werden kann.

Das Gerät lässt sich wie der Mini-Handsender wahlweise im Zwei- oder Vier-Kanal-Modus betreiben und ist optimal in das beschriebene Adresssystem integrierbar. Im Auslieferungszustand ist der Vier-Kanal-Betrieb eingestellt, so dass der Unterputzsender einen programmierten Funkempfänger mit derselben Taste ein- und ausschaltet. Das ist logisch, da man für eine Funktion in der Wand nur einen Taster benötigt. Mit dem Gerät kann man neben einzelnen Empfängern auch Funktionsgruppen steuern und Masterfunktionen ausführen.

Abb. 13.9 – An der Vorderseite der Platine des Unterputzsenders sind vier Taster eingelötet, über die er programmierbar ist.

Abb. 13.10 – Auf der Rückseite versorgt eine große Flachbatterie den Sender über viele Jahre mit Strom.

13.2 Unterputzsender steuert ohne Kabel

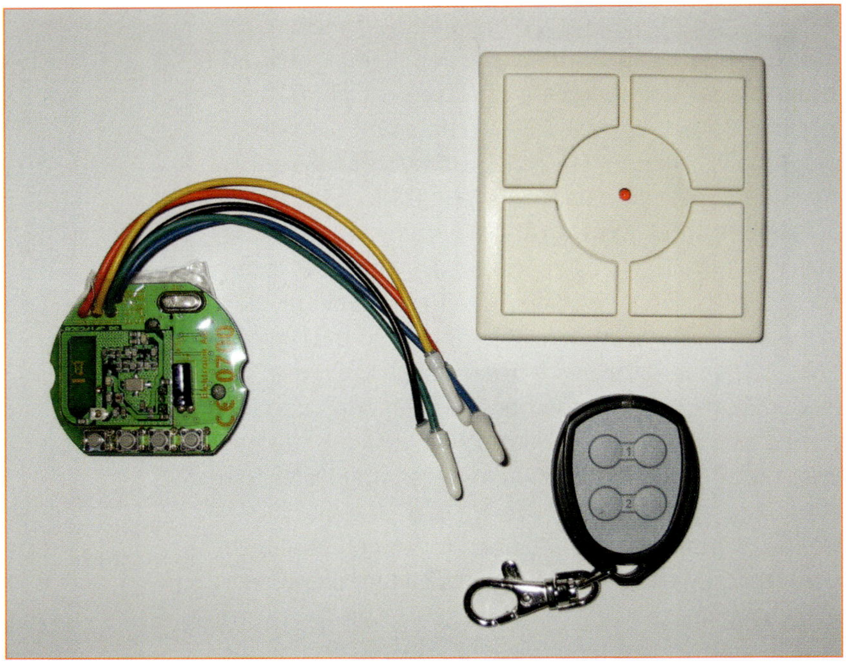

Abb. 13.11 – Ob Sender an der Wand, unter Putz oder in der Hand als Fernbedienung: Obwohl alle drei Sender für unterschiedliche Funktionen konzipiert sind, besitzen sie das gleiche Sendermodul und sind gleich zu programmieren.

Programmierung

Im Auslieferungszustand besitzt jeder Sender einen anderen, zufällig eingestellten Hauscode. Sollen unterschiedliche Sender einen oder mehrere Empfänger gemeinsam steuern, sind zuerst alle Sender auf den gleichen Hauscode einzustellen. Ist beabsichtigt, mit dem Unterputzsender bereits auch von anderen Sendern angesprochene Funkempfänger zu steuern, sind deren Adressgruppen und Unteradressen ebenfalls einzugeben.

Werden an den Unterputzsender weniger als vier Taster angeschlossen, muss man ihn bereits vor dem Einbau in die Installationsdose programmieren – und zwar über die eingebauten Programmiertaster. Hält man den Sender so, dass die Tasten unten liegen, ist ihre Reihenfolge 1, 2, 3, 4. Im Zwei-Kanal-Betrieb ergeben die beiden linken und rechten Taster jeweils ein Paar. Um den achtstelligen Hauscode einzustellen, sind zuerst die Tasten 1 und 3 für fünf Sekunden gedrückt zu halten, um anschließend über die vier Taster die acht Zahlen einzugeben. Um Adressgruppe und Unteradresse zu programmieren, ist zuerst die betreffende Kanaltaste zu drücken, zum Beispiel für Kanal 1 die Taste 1. Jetzt drückt man zusätzlich die zweite Taste für fünf Sekunden, die der ersten zugeordnet ist – in diesem Fall Taste 2, und man kann über die vier Tasten die Adresscodes eingeben.

Installation

Bei der Wahl des Installationsortes ist darauf zu achten, dass in unmittelbarer Nähe keine 230-Volt-Leitungen verlegt sind, da sie die Reichweite des Senders verringern können. Er sollte auch in kein geschlossenes Metallgehäuse eingebaut werden, weil dieses Funkwellen abschirmt. Vor der Montage ist außerdem ein kleiner Praxistest zu empfehlen, um alle Funktionen zu überprüfen. Dazu reicht es, wenn man den Unterputzsender an die Stelle hält, an der man ihn einbauen möchte, und von wo er Funkschalter steuern soll. Klappt die Steuerung problemlos, kann der Einbau in eine Installationsdose beginnen. Die Steuerung der Funksteckdosen muss bei diesem Test reibungslos klappen, weil sich die

Reichweite des Senders mit dem Einbau in die Wand etwas verringert. Auch Metall in der Nähe des Unterputzsenders verringert die Distanz, die das Sendesignal überbrücken kann. Vor allem Taster mit metallischer Oberfläche dämpfen es. Sind die Taster dagegen aus Kunststoff gefertigt, gibt es keine Probleme.

Der Unterputzsender besitzt fünf farblich gekennzeichnete Drähte, an denen die vier möglichen Taster anzuschließen sind. Die schwarze Ader übernimmt dabei den gemeinsamen Rückleiter. Taster 1 belegt man mit dem roten Draht, Taster 2 mit dem gelben Draht, Taster 3 mit dem grünen und Taster 4 mit dem blauen Draht. Sind Sender und Taster einmal in die Wand eingebaut, können sie bis zu vier Funkschalter oder vier Empfängergruppen steuern. Meist schaltet man mit dem Unterputzsender Lampen. Er eignet sich aber auch zur Steuerung von Markisen und Rollläden.

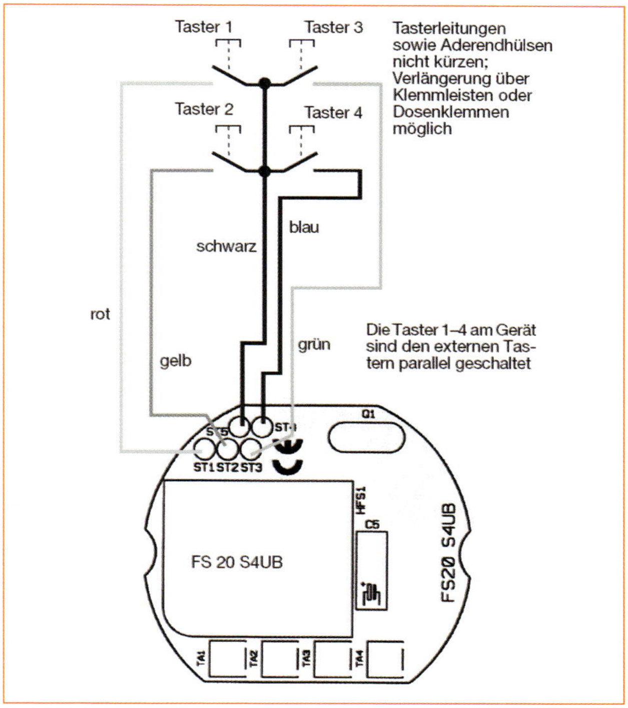

Abb. 13.12 – An den Unterputzsender lassen sich bis zu vier Taster anschließen.

Abb. 13.13 – Mehr braucht man nicht, um den Unterputzsender zu installieren: Mit Bohrmaschine und Dosenbohrer wird das Loch zum Einbau der Installationsdose vorbereitet.

13.2 Unterputzsender steuert ohne Kabel

Abb. 13.14 – Diese Art von Installation erzeugt kaum Schmutz und hinterlässt keine sichtbaren Spuren.

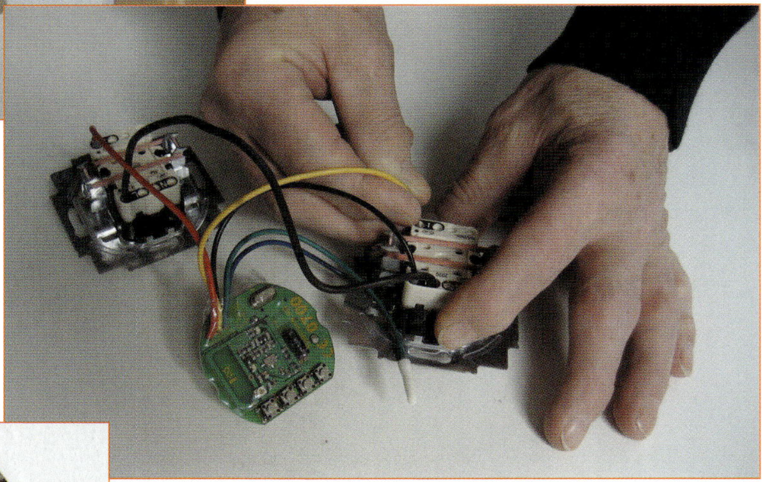

Abb. 13.15 – Die Taster sind an die farblich gekennzeichneten Adern des Unterputzsenders anzuschließen.

Abb. 13.16 – Zum Schluss baut man den Sender, der bequem hinter dem Taster Platz findet, in die Installationsdose ein.

13.3 Vier-Kanal-Unterputzsender bewegt Rollläden und Markisen

Unterputzsender eignen sich sehr gut für nachträgliche Installationen. Da sie bis zu vier Funkkanäle schalten, kommen sie besonders für die Steuerung von Rollläden und Markisen infrage. Ein weiteres Modell ist der Vier-Kanal-Unterputzsender. Er ist zwar ab Werk auf den Vier-Kanal-Betrieb eingestellt, lässt sich aber auf den Zwei-Kanal-Modus umschalten. Die Montage erfolgt in Standard-Unterputzdosen oder Unterputzverteilern. Wie das Vorgängermodell kann er im Freien eine Entfernung von bis 50 m überbücken.

Installation

Die Stromversorgung des Senders erfolgt über das 230-Volt-Wechselstromnetz, indem man die Klemmen „N" und „L" mit dem Stromnetz verbindet. In der Praxis versorgt ihn ein Stromkreis mit elektrischer Energie, der speziell abgesichert ist. Für den Anschluss von bis zu vier externen Tastern hat der Sender drei verschiedenfarbige Anschlussdrähte und zwei weitere Klemmen. Die folgende Tabelle informiert, welche Drähte und Klemmen zu welchen Tastern gehören.

Die vier anschließbaren Taster braucht man auch, um den Vier-Kanal-Unterputzsender zu programmieren. Reichen weniger als vier externe Taster, ist er außerdem mit den eingebauten Tasten einstellbar – natürlich nur solange das Gerät noch nicht fertig in die Wand eingebaut ist.

Anschlussschema der vier Taster

Taster	Drahtfarben/Klemmenbezeichnung
1	rot und schwarz
2	gelb und schwarz
3	T3 und schwarz
4	T4 und schwarz

Abb. 13.17 – Mit seinen Abmessungen beansprucht der Vier-Kanal-Unterputzsender fast die gesamte Installationsdose.

Programmieren

Im Vier-Kanal-Betrieb sendet das Gerät mit jedem der vier Taster je abwechselnd einen Ein- oder Aus-Impuls. Im Zwei-Kanal-Modus steuern dagegen zwei Taster je einen Funkkanal, wobei jedem Taster ein Ein-Befehl oder ein Aus-Befehl zugeordnet ist. Um den Sender in den Zwei-Kanal-Betrieb zu schalten, sind für mindestens fünf Sekunden gleichzeitig die Tasten 1 und 4 zu drücken. Zurück in die Vier-Kanal-Betriebsart gelangt man durch gleichzeitiges Drücken der Tasten 2 und 3 ebenfalls für mindestens fünf Sekunden.

Betreibt man den Sender zusammen mit mehreren Funk-Komponenten, ist die Abstimmung auf Hauscode und Adresse erforderlich. Beides geschieht wie bei der Fernbedienung. Da viele der Komponenten des vorgestellten Haus-Steuerungs-Systems auf wenigen Urtypen von Sendern oder Funkempfängern beruhen, sind sie alle gleich zu bedienen. Von wenigen unterschiedlichen Details einmal abgesehen, sind die Geräte so leichter zu nutzen.

13.4 Funkdimmer zum Einbauen

Der Funk-Einbau-Dimmer regelt die Helligkeit von Glühlampen und Hochvolt-Halogenlampen. Ein programmierbarer Timer, der bis zu über vier Stunden einstellbar ist, schaltet die Lichtquelle automatisch ein und aus. Der Einbaudimmer lässt sich selbstverständlich auch manuell mit der Fernbedienung steuern.

Wie die Unterputzschalter und die Unterputzsender erlaubt auch der Funk-Einbau-Dimmer eine einfache Art der Elektroinstallation. Mehr als ein einziger Stromkreis, den man vom Sicherungsautomaten zur Lampe verlegt, ist nicht erforderlich. Dafür verbindet man zuerst die vom Sicherungsautomaten abgehenden L- und N-Leiter mit den beiden Klemmen des Funkdimmers, die mit „KL1" beschriftet sind. An seinen mit „KL2" gekennzeichneten Klemmen ist die Lampe anzuschließen, die ein beliebiger Sender des Haussteuersystems schaltet. Den Funkdimmer kann man an fast jeder Stelle montieren – zum Beispiel in Installationsdosen oder versteckt hinter der Vertäfelung einer Zimmerdecke. Damit das Gerät einwandfrei funktioniert, darf es wie die Unterputzsender und Unterputzschalter nicht in geschlossene Metallkästen eingebaut werden, da diese sämtliche Funksignale abschirmen.

Der Einbau-Funk-Dimmer lässt sich nicht nur im Rahmen einer Elektroinstallation material- und arbeitssparend verwenden. Man kann ihn auch mit Flachsteckern betreiben, die an die „KL1"-Klemmen des Geräts mit 230-Volt-Netzkabeln anzuschließen sind – zum Beispiel, wenn man einen Funkdimmer in eine größere Stehlampe einbauen möchte. So kann man auf den unprakti-

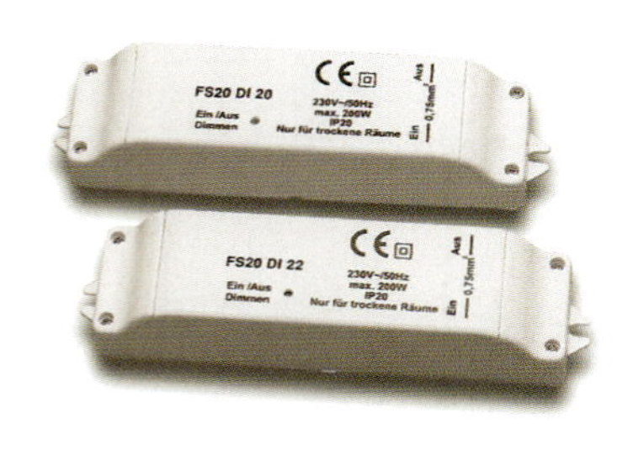

Abb. 13.18 – Einbau-Funk-Dimmer sollte man wie den Unterputzschalter und die Unterputzsender nicht in geschlossene Metallkästen einbauen, weil diese keine Funksignale zum Gerät durchlassen.

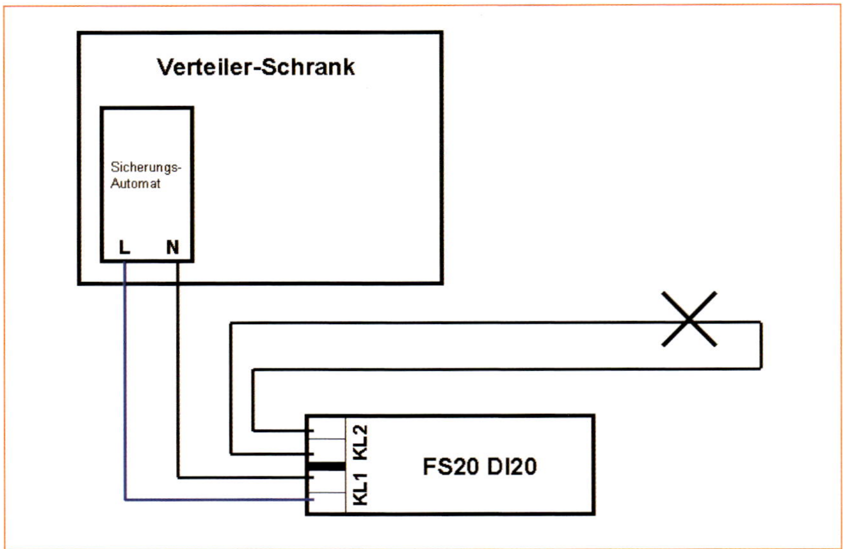

Abb. 13.19 – Anschlussschema des Einbau-Funk-Dimmers.

schen Fußschalter verzichten, den viele dieser Lampen haben.

Programmierung

Diese funktioniert bis auf wenige Ausnahmen so wie beim bereits beschriebenen Steckdosendimmer. Der eingebaute Taster ist über eine kleine Gehäuse-Öffnung mit einem Kugelschreiber zu bedienen. Sender lassen sich wie beim Steckdosendimmer zuordnen, gleiches gilt für die Programmierung des integrierten Timers.

Öffnet man das Gehäuse der beiden Geräte, kommt eine Drahtbrücke, ein so genannter Jumper, zum Vorschein. Damit lassen sich die Funktionen einstellen. Ist dem Dimmer kein separater Schalter vorgeschaltet, sollte man den Jumper auf „aus" stecken. So ist sichergestellt, dass sich die Lampe nach einer Stromunterbrechung nicht von selbst wieder einschaltet. Wird der Jumper auf „alt" gesteckt, schaltet das Gerät die Lampe mit der zuletzt genutzten Helligkeit ein. Zieht man den Jumper heraus, leuchtet die Lampe beim Einschalten mit voller Helligkeit, so dass man sie mit der Fernbedienung auf den gewünschten Wert herunterregeln kann.

Abb. 13.20 – Der Funkdimmer findet fast überall Platz, zum Beispiel in einer Installationsdose oder hinter der Holzverkleidung der Zimmerdecke.

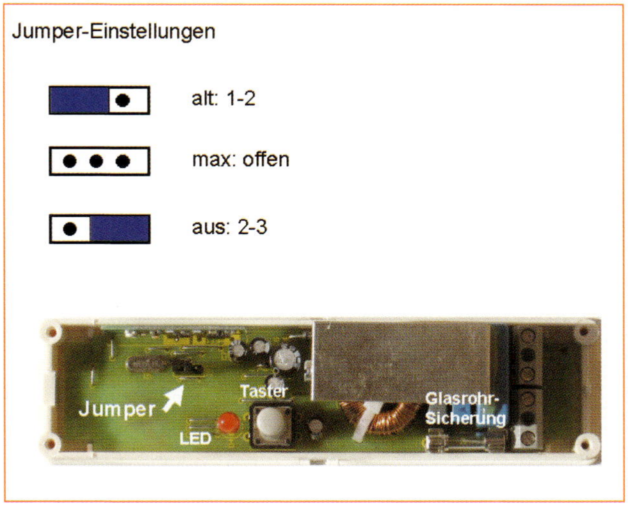

Abb. 13.21 – Das Innenleben des Einbaudimmers: Wie das Gerät funktioniert, hängt davon ab, wie man die Drahtbrücke steckt.

13.4 Funkdimmer zum Einbauen

13.4 Funkdimmer zum Einbauen

Aufputz-Wand-Sender
Neben Einbausendern, die in Installationsdosen zu montieren sind, kann man Aufputzsender an der Wand befestigen. Im Bereich der Hausinstallation kann der Vier-Kanal-Sender fest montierte Wand- oder Deckenleuchten sowie Steh- oder Tischlampen steuern. Er kann stattdessen auch verschiedene Funksteckdosen schalten, die Markisen oder Komponenten der Audio-Video-Anlage mit Strom versorgen. Der rückseitige Gehäusedeckel ist abnehmbar, so dass man leicht die für den Betrieb des Senders erforderlichen Knopf-Batterien einlegen kann. Der Deckel lässt sich danach mit einem doppelseitigen Klebeband an glatten Wänden befestigen oder anschrauben. In Programmierung und Funktionen ist dieser Vier-Kanal-Aufputz-Wandsender mit dem Mini-Handsender identisch, der die Größe eines Schlüsselanhängers hat. Auch dieser hat vier Tasten, mit denen man wahlweise zwei oder vier Kanäle schalten kann.

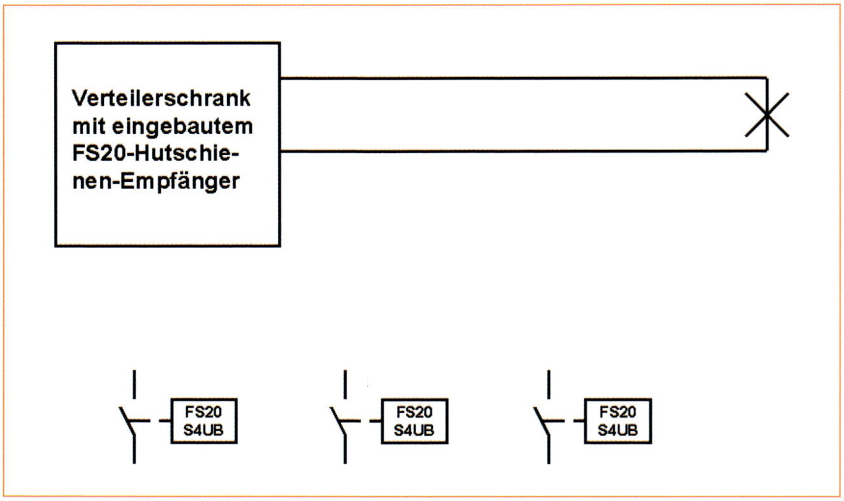

Abb. 13.22 – Schematische Darstellung einer lichtinstallation mit Funkschalter.

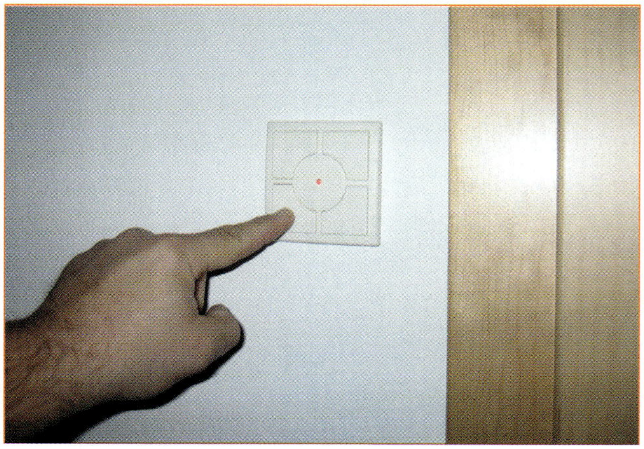

Abb. 13.23 – Der Aufputz-Wand-Sender steuert meist die Raumbeleuchtung oder Rollläden. Er ist von üblichen Einbauschaltern nicht zu unterscheiden.

13.5 Funkschalter an der Wand öffnet Gründstücks- und Garagen-Tor

Stellen Sie sich folgende Situation vor: Sie kommen mit dem Auto nach Hause. Nachdem Sie kurz auf Taste 1 des Mini-Handsenders gedrückt haben, der am Schlüsselbund hängt, öffnet sich das Tor zur Grundstückseinfahrt. Mit Taste 2 öffnen Sie die Garage und weil es bereits dunkel ist, schalten Sie mit Taste 3 auch das Licht in der Garage ein. Bei entsprechender Programmierung klappt alles mit einem einzigen Tastendruck. Eine Zukunftsvision? Nein, denn alles lässt sich bequem mit dem Aufputz-Funkschalter realisieren. Dieser Wandschalter ist in einem Gehäuse eingebaut, das die Schutzklasse IP65 erfüllt, so dass man das Gerät im Freien oder in Räumen mit viel Schmutz betreiben kann. Im Gehäuse sind vier Schalter befestigt, die bis zu vier Stromverbraucher schalten. Da der funkbasierte Wandschalter ein Schaltvermögen von 3.680 Watt besitzt, kann er auch größere Maschinen steuern. Die Leitung dafür ist im Inneren des Geräts fest an einer Klemmleiste anzuschließen.

Abb. 13.24 – Innenleben des Vier-Kanal-Aufputz-Funkschalters: Deutlich sind die vier Klemmleisten zu erkennen, an denen die zu steuernden Stromverbraucher anzuschließen sind.

Installation

Öffnet man die vier Schrauben des Gehäusedeckels, gelangt man zu den vier Tastern und den zugehörigen Leuchtdioden, über die sich die vier Schaltkreise programmieren lassen. Da das Gerät 230-Volt-Wechselstrom benötigt, die auch in den Schaltkreisen fließen, ist die Platine mit einer Abdeckplatte geschützt. Nimmt man diese ab, sind fünf Blöcke mit je drei Klemmen zu erkennen. Die etwas abgesetzte Klemme versorgt den Funkschalter mit Strom. Die vier nebeneinander liegenden Klemmengruppen sind je einem Sendekanal zugeordnet, so dass der funkgesteuerte Wandschalter Stromverbraucher mit einem Impuls wahlweise ein- oder ausschalten kann. Außerdem erlaubt er, zwischen zwei Stromverbrauchern zu wechseln, so dass sich zum Beispiel zwischen Tag- und Nacht-Beleuchtung umschalten lässt.

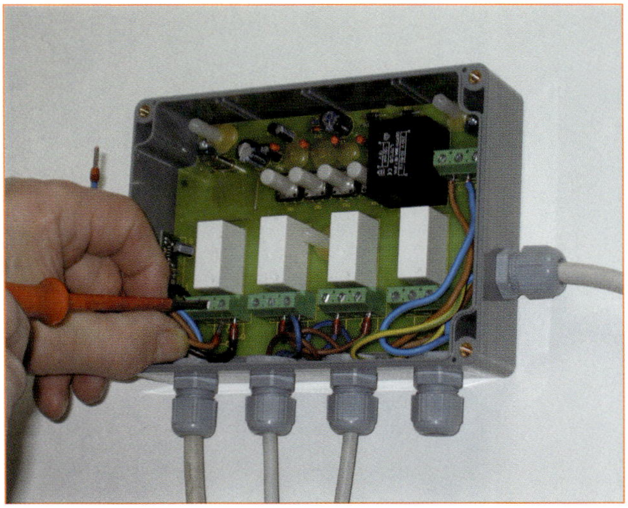

Abb. 13.25 – Anschließen der Stromverbraucher, die der Aufputz-Funkschalter steuern soll: Nur ein Kontakt bleibt für künftige Anwendungen frei.

13.5 Funkschalter an der Wand öffnet Gründstücks- und Garagen-Tor

Programmierung
Da der Aufputz-Wand-Schalter ein Funkempfänger ist, entfallen umfangreiche Programmierungen wie die Eingabe des Hauscodes. Ihm muss man allerdings die Funkbefehle der Sender aufspielen, die ihn steuern sollen. Dazu ist auf der Platine die Taste des zu programmierenden Funkkanals für mindestens fünf Sekunden gedrückt zu halten, bis die eingebaute Leuchtdiode blinkt. Anschließend ist eine Taste des Funkkanals der Fernbedienung zu drücken, mit der dieser Schaltkreis gesteuert werden soll. Jedem Schaltkanal des Wandempfängers kann man innerhalb des Adresssystems bis zu vier Adresstypen zuordnen – also je eine Einzeladresse und Funktionsgruppe sowie je ein lokaler und ein globaler Master. Damit ist der Aufputz-Wand-Schalter mit der Funksteckdose identisch.

Jeder Kanal lässt sich auch zeitgesteuert als Timer betreiben. Einschaltzeiten sind dabei individuell von einer Sekunde bis 4,25 Stunden programmierbar. Nach Ablauf dieser Timerzeit schaltet das Gerät den betreffenden Kanal aus. Um den Timer zu programmieren, sind beide, einem Kanal zugeordneten Tasten der Fernbedienung für eine bis maximal fünf Sekunden gleichzeitig zu drücken, bis die Leuchtdiode blinkt. Da die Programmierung in Echtzeit erfolgt, muss die LED zum Beispiel 15 Minuten blinken, wenn das Gerät den betreffenden Kanal nach einer viertel Stunde wieder ausschalten soll. Die Programmierung schließt man durch abermaliges Drücken der beiden Fernbedienungstasten für eine bis maximal fünf Sekunden ab. Möchte man die programmierte Timerzeit wieder löschen, sind zuerst die beiden Tasten der Fernbedienung gleichzeitig für eine bis fünf Sekunden zu drücken, bis die LED des betreffenden Kanals zu blinken beginnt. Drückt man jetzt die Taste im Gerät, die diesem programmierten Kanal zugeordnet ist, ist die Timerzeit gelöscht.

14 Hutschienen-Funk-System minimiert Elektro-Installations-Aufwand

Das beschriebene Funk-Steuersystem lässt rund ums Haus zahlreiche neue Anwendungsmöglichkeiten zu, die den Elektro-Installations-Aufwand auf ein Minimum reduzieren. Hierzu gehören nicht nur Funksteckdosen, Einbau-Funk-Dimmer, unterschiedlichste Wandsender und funkbasierte Wandschalter, sondern vor allem auch das so genannte Hutschienen-Funk-System im Verteilerkasten. In dieser Stromzentrale des Hauses trägt eine Schiene aus Metall, man spricht auch von einer Hutschiene, elektrische Betriebsmittel wie Realais, Zeitschaltuhren, Sicherungsautomaten und Reihenklemmen. Weil im Verteilerkasten alle Netzkabel zusammenlaufen, ist es naheliegend, dort Funkschalter einzubauen, die so einzelne Stromkreise schalten und damit beispielsweise die Beleuchtung im

14 Hutschienen-Funk-System minimiert Elektro-Installations-Aufwand

Haus regeln. Hier setzt das Hutschienen-Funk-System an, das bis auf einen Spezial-Empfänger in den Verteilerkasten einzubauen ist. Es handelt sich um ein Bussystem, das aus bis zu vier unterschiedlichen Komponenten besteht. Bus steht dabei für Binary Unit System und bezeichnet ein Leitungssystem mit EDV-Komponenten, die Daten untereinander austauschen.

Im Hutschienensystem hat das Netzteil eine zentrale Bedeutung, das gemeinsam mit einem speziellen Funkempfänger bis zu 36 Aktoren steuert. Das sind funkgesteuerte Schaltmodule und Hutschienen-Funk-Dimmer, die die Hausbeleuchtung regeln und so elektronische Steuersignale in mechanische Arbeit umsetzen. Schaltmodule sind enge Verwandte der Funksteckdose und helfen wie der Hutschienen-Funk-Dimmer, viel Verkabelung bei der Elektroinstallation zu sparen. Ein Beispiel: Ist das Schaltmodul im Verteilerkasten eingebaut, schließt man dort einen Stromverbraucher an, zum Beispiel eine Deckenleuchte. Der Umweg über den Lichtschalter ist nicht erforderlich, denn der Unterputzsender teilt dem Schaltmodul drahtlos mit, wann es die Lampe ein- oder auszuschalten hat. Damit verringert sich der Elektro-Installations-Aufwand auf ein Minimum. Wie hoch das Einsparpotenzial sein kann, zeigt die Vorzimmerbeleuchtung. Normalerweise hat man im Flur an einer zentralen Stelle eine Deckenlampe, die den Raum gut ausleuchtet. Damit man nachts nicht im Dunkeln laufen muss, sind an vielen Türen Lichtschalter oder Lichttaster eingebaut. Fünf Lichtschalter oder mehr sind keine Seltenheit. Entsprechend aufwendig ist der kabelgebundene, traditionelle Installationsaufwand. Steuert man dagegen die Flurbeleuchtung per Funk über das Hutschienensystem, kann man sich die umfangreichen Stemmarbeiten zu allen Schaltern sparen. Nur für den Unterputzsender, dessen Batterie erst nach zehn Jahren auszuwechseln ist, muss man eine Installationsdose in die Wand einbauen. Im Folgenden stellt das Buch die vier Komponenten des Hutschienen-Funk-Systems vor.

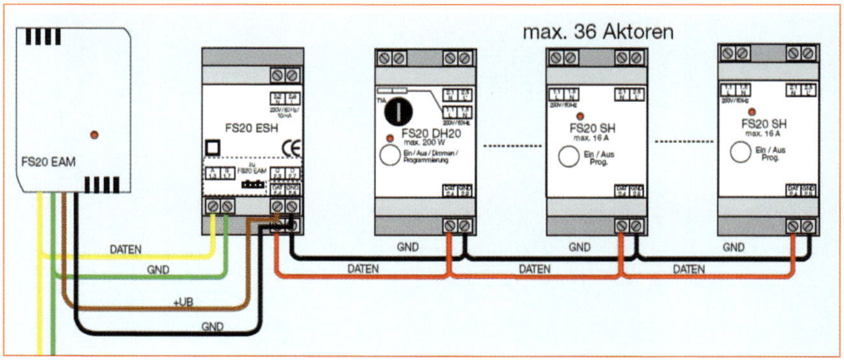

Abb. 14.1 – Verdrahtungsschema für den „Steuerbus" und den Anschluss des Funkempfängers an das Hutschienen-System.

14.1 Hutschienen-Empfänger leitet Steuerbefehle ans Netzteil

Der Spezial-Funk-Empfänger empfängt die Steuersignale von einem Sender des Hausfunksystems und gibt sie an das Netzteil im Verteilerkasten weiter. Er ist die einzige Komponente des Hutschienen-Funk-Systems, die man außerhalb des Verteilerkastens montieren muss, damit der Metallkasten keine Signale abschirmen kann. Der Funkempfänger kann die Steuerbefehle für bis zu 36 Aktoren verwalten und besitzt eine rund 3 m lange, fest angeschlossene vieradrige Leitung mit einem Spezialstecker. Sie stellt die Verbindung zum Netzteil her und erlaubt die Montage außerhalb des Verteilerkastens. Möchte man das Gerät in größerer Entfernung montieren, kann man es auch über längere Leitungen mit dem Netzteil verbinden. Dazu sind das Gehäuse des Empfängers zu öffnen und das angeschlossene Kabel abzuklemmen, um ein möglichst geschirmtes vieradriges Kabel anzuschließen. Zusätzlich zum Spezial-Flachstecker besitzt auch das Netzteil vier Klemmen, an die die vier Adern anzuschließen sind. Diese leiten das Steuersignal vom Hutschienen-Empfänger zum Netzteil und versorgen den Hutschienen-Empfänger zugleich mit Strom.

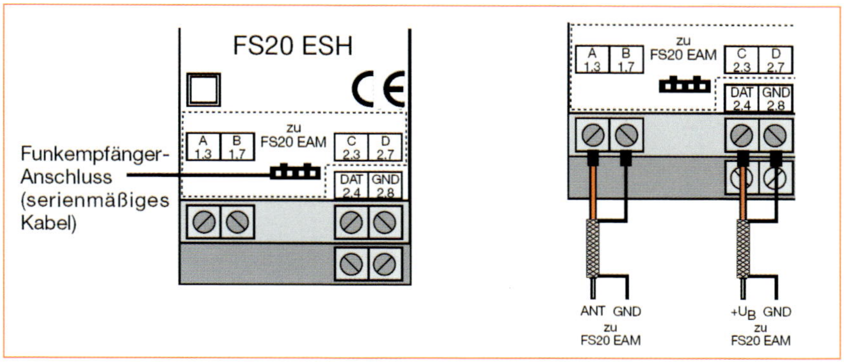

Abb. 14.2 – Der Hutschienen-Funk-Empfänger lässt sich an das Netzteil entweder über den Flachstecker oder eine separate geschirmte Leitung anschließen. Die separate Leitung ist zu empfehlen, wenn man den Empfänger in größerer Entfernung zum Verteilerkasten montieren möchte.

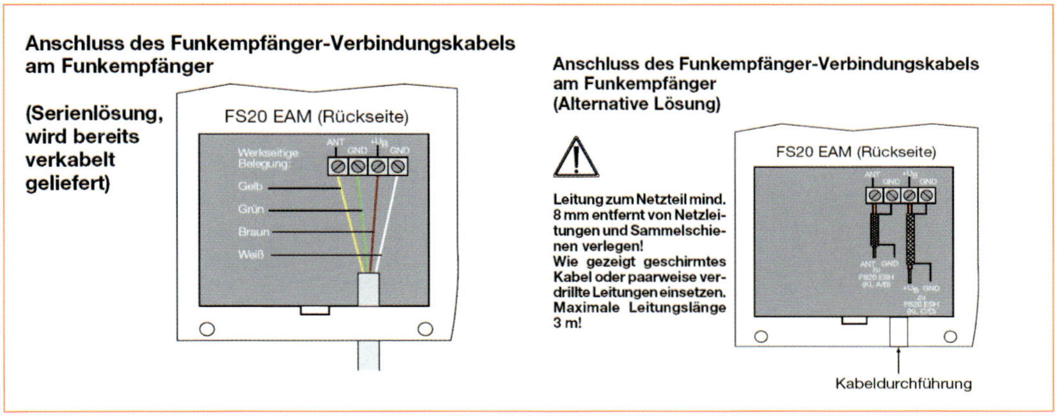

Abb. 14.3 – Anschlussschema für das vieradrige Kabel, das Netzteil und Hutschienen-Empfänger miteinander verbindet.

14.2 Netzteil leitet Steuersignale an Aktoren

Das Hutschienen-Netzteil versorgt den Hutschienen-Empfänger mit Strom. Es verstärkt außerdem die empfangenen Steuersignale und leitet sie über ein Zwei-Draht-Bus-System an die Aktoren weiter. Alle Aktoren, Schaltmodule und Hutschienen-Funk-Dimmer, muss man dabei parallel schalten. Die Programmierung des Netzteils entfällt.

Installation

Das Netzteil ist auf die Hutschiene im Verteilerschrank zu montieren. Bei der Wahl des Standortes im Verteilerkasten ist darauf zu achten, dass man die Bus-Leitungen zu den Aktoren über möglichst kurze Distanzen verlegen kann. Die Leitungen sollten außerdem einen Bogen um spannungsführende Teile wie Sammelschienen oder 230-Volt-Netzleitungen machen.

Die Klemmen L und N des Netzteils sind mit dem 230-Volt-Wechselstromnetz zu verbinden, was in der Praxis über den Ausgang eines Sicherungsautomaten geschieht. Das Bus-System wird über die Klemmen DAT und GND hergestellt. Dabei sind alle DAT-Klemmen der Aktoren untereinander und mit dem Netzteil zu verbinden, gleiches gilt für die GND-Klemmen. Dafür sollte man geschirmte Kabel oder paarweise verdrillte Leitungen verwenden, damit die Bus-Leitungen nicht gestört werden können.

14.3 Schaltmodul steuert Stromverbraucher

Als Aktor des Hutschienensystems ist das Schaltmodul eng verwandt mit der Funksteckdose. Es eignet sich besonders, um Lichtstromkreise in einzelnen Räumen wie Küche, Kinderzimmer oder Hobbyraum zu schalten. Mit der eingebauten Timerfunktion kann man Einschaltzeiten von einer Sekunde bis zu viereinhalb Stunden programmieren. Man aktiviert die Timerfunktion wie bei anderen Funkschaltern durch einen Tastendruck, der knapp eine halbe Sekunde dauert. Möchte man das Licht in einem bestimmten Raum mit der Fernbedienung manuell ausschalten, muss man die Taste des Moduls etwas länger drücken. Der Funkschalter kann auch größere Stromverbraucher wie Maschinen steuern, die bis zu 3.680 Watt benötigen.

Programmierung

An der Front des Funkschalters ist ein kleiner Taster eingebaut, der mit „Ein / Aus Prog." beschriftet ist. Mit ihm lassen sich angeschlossene Lampen aus dem Verteilerkasten schalten. Wichtiger ist jedoch die Programmierfunktion, durch die der Funkschalter lernt, auf die Steuerbefehle eines Senders oder mehrerer Sender zu reagieren. Dafür ist ein durchdachtes Adressierungssystem erforderlich, das in jede Fernbedienung zu programmieren ist, mit der man das Schaltmodul steuern möchte. Die Programmierung ist dabei mit der der Funksteckdose identisch. Auch beim Hutschienen-Gerät ist die Taste zuerst für 15 Sekunden zu drücken, um in den Programmierbetrieb zu gelangen, den die Kontrollleuchte mit einem Blinken signalisiert. Tastet man nun den gewünschten Kanal der Fernbedienung, hat das Schaltmodul den Code empfangen und die Programmierung ist abgeschlossen. Dem Gerät lassen sich mit dem Adresssystem bis zu vier Adresstypen zuordnen. Jeder Adresstyp ist im Schaltmodul so zu programmieren, wie eben beschrieben.

Möchte man eine Lampe an mehreren Stellen des Hauses schalten, kann man das betreffende Schaltmodul wie bereits erwähnt mit mehreren Sendern betreiben. Man kann auch mehrere Schaltmodule zu Funktionsgruppen zusammenschließen, damit sie auf den Steuerbefehl eines Senders reagieren. Bei zwei Geräten muss man dafür in beide die gleichen Fernbedienungscodes eingeben. So reagieren beide Schaltmodule auf denselben Steuerbefehl eines Handsenders. Der Funkschalter übernimmt auch lokale und globale Masterfunktionen und eignet sich so als Hauptschalter für alle Lampen. Verlässt man das Haus, genügt ein Tastendruck und alle Stromverbraucher sind vom 230-Volt-Wechselstromnetz getrennt.

14.4 Hutschienen-Funk-Dimmer regeln Lampen

Der Phasen-Anschnitt-Dimmer ist für den Betrieb im Hutschienen-Funk-System vorgesehen. Er regelt nicht nur herkömmliche 230-Volt-Glühbirnen und Halogenlampen, sondern auch Niedervolt-Trafo-Netzteile, die Halogenlampen mit Strom versorgen. Das Gerät eignet sich allerdings nicht für den Betrieb von elektronischen Netzteilen, so genannten Schaltnetzteilen, die immer mehr verkauft werden. Zusätzlich zur Schalt- und Dimmer-Funktion ist in das Gerät ein Timer integriert, der Beleuchtungszeiten von einer Sekunde bis zu viereinhalb Stunden zulässt.

Hutschienen-Funk-Dimmer kann man als Aktor ebenso wie das Schaltmodul nicht allein betreiben. Beide benötigen den Hutschienen-Empfänger und das Netzteil, die die Schaltsignale der Sender empfangen und über das Bus-System an den richtigen Funkschalter weiterleiten.

Große Lampen mit zwei Funkdimmern regelbar

Mit Hutschienen-Funk-Dimmern lässt sich das Licht von Lampen regeln – vor allem im Wohnzimmer von Vorteil, wenn man fernsehen möchte. Sie steuern dabei nur kleinere Leuchten, die maximal 200 Watt verbrauchen, was für größere Wohnzimmerstrahler oft zu wenig ist. Soll der Funkdimmer beispielsweise acht 40-Watt-Glühlampen regeln, nimmt er eine Leistung von 320 Watt auf. Größere Leuchter lassen mitunter die Aufteilung ihrer Glühlampen auf zwei Stromkreise zu. Bei unserem Wohnzimmerleuchter werden dann in jedem Stromkreis vier Lampen geschaltet, wodurch sich die Leistungsaufnahme auf 160 Watt halbiert. Dafür braucht man zwei Funkdimmer und zwei zu programmierende Steuerkanäle auf der Fernbedienung. Um den Dimmer vor Überlastung zu schützen, ist eine Ein-Ampere-Schmelzsicherung eingebaut, die sich an der Gerätefront bequem auswechseln lässt.

14.5 Installation der Hutschienen-Komponenten in der Praxis

Wir weisen an dieser Stelle ausdrücklich darauf hin, dass man Arbeiten an Elektroinstallationen und vor allem im Verteilerkasten geschulten Fachkräften überlassen sollte. Da ein hohes Unfallrisiko mit möglicher Todesfolge besteht, sollte man als Anwender im Verteilerkasten nur dann Geräte selbst einbauen, wenn man Erfahrung damit hat.

Ist im Verteilerkasten genug Platz?

Bestehende Verteilerschränke haben nicht immer ausreichend Platz, um nachträglich Funk-Komponenten einzubauen. Häufig sind die bereits eingebauten Hutschienen weitgehend mit FI-Schaltern und Sicherungsautomaten belegt. Sie werden weiter gebraucht und dürfen deshalb nicht durch Funksteuer-Komponenten ausgetauscht werden. Sicherungsautomaten müssen außerdem auch die Stromkreise überwachen, die per Funk gesteuert werden. Im Schadensfall schalten sie den Strom ab und verringern so Personen- und Sachschäden.

Leitfaden zum Vorgehen

Bevor man mit der Arbeit beginnt, ist darauf zu achten, dass alle Anlagenteile vom Stromnetz getrennt sind. Das Ausschalten einzelner Sicherungsautomaten reicht dabei nicht, da die Gefahr besteht, dass man benachbarte stromführende Teile berührt. Es ist deshalb zu empfehlen, den gesamten Verteilerkasten vom Stromnetz zu trennen,

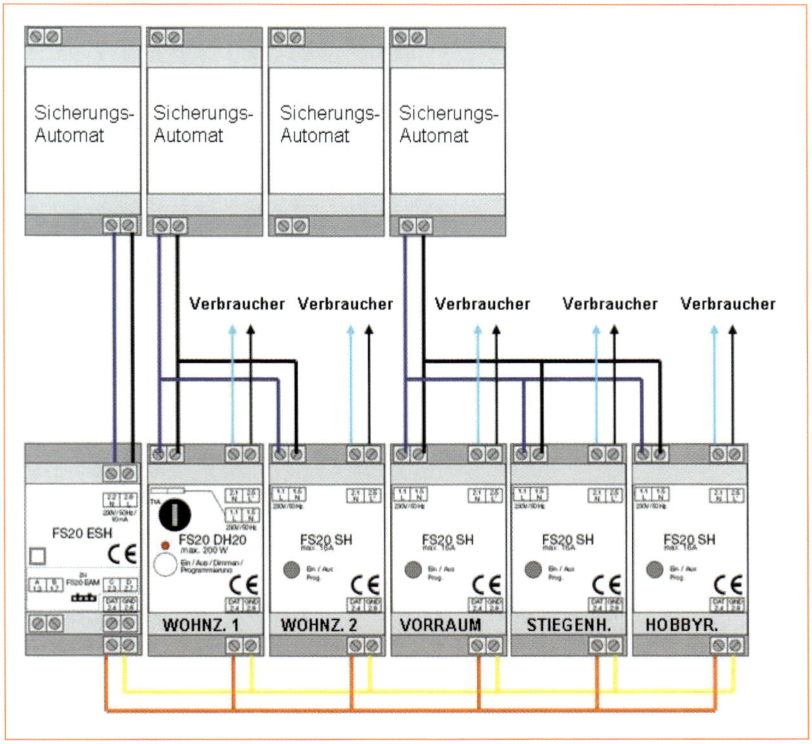

Abb. 14.4 – Die Funkschalter des Hutschienensystems, die Aktoren, sind am Ausgang des Sicherungsautomaten einzubauen, der die einzelnen Stromkreise schützt.

14.5 Installation der Hutschienen-Komponenten in der Praxis

indem man die Hauptsicherung in der Hausverteilung herausnimmt. Den gleichen Effekt erreicht man, wenn man den Fehlerstrom-Schutzschalter, den so genannten Haupt-FI, ausschaltet.

Die einzelnen Hutschienen-Komponenten montiert man bis auf den Empfänger im Verteilerkasten. Bei herkömmlicher Installation wird am Ausgang des Sicherungsautomaten ein Stromkreis mit all seinen Schaltern und Stromverbrauchern angeschlossen. Beim Funk-Steuerungs-System sind dagegen am Ausgang des Sicherungsautomaten ein oder mehrere Funkschalter anzuschließen. An sie sind deshalb im Verteilerkasten genau die Leitungen anzuklemmen, die direkt zu den einzelnen Lampen in den gewünschten Räumen führen. So ersetzen die Schaltmodule und Hutschienen-Dimmer die klassischen Lichtschalter in den Wohnräumen, der Umweg über einen oder mehrere Schalter entfällt. Man muss dabei darauf achten, dass der Strom, für den der Sicherungsautomat ausgelegt ist, nicht überschritten wird. Bei der althergebrachten, kabelgebun-

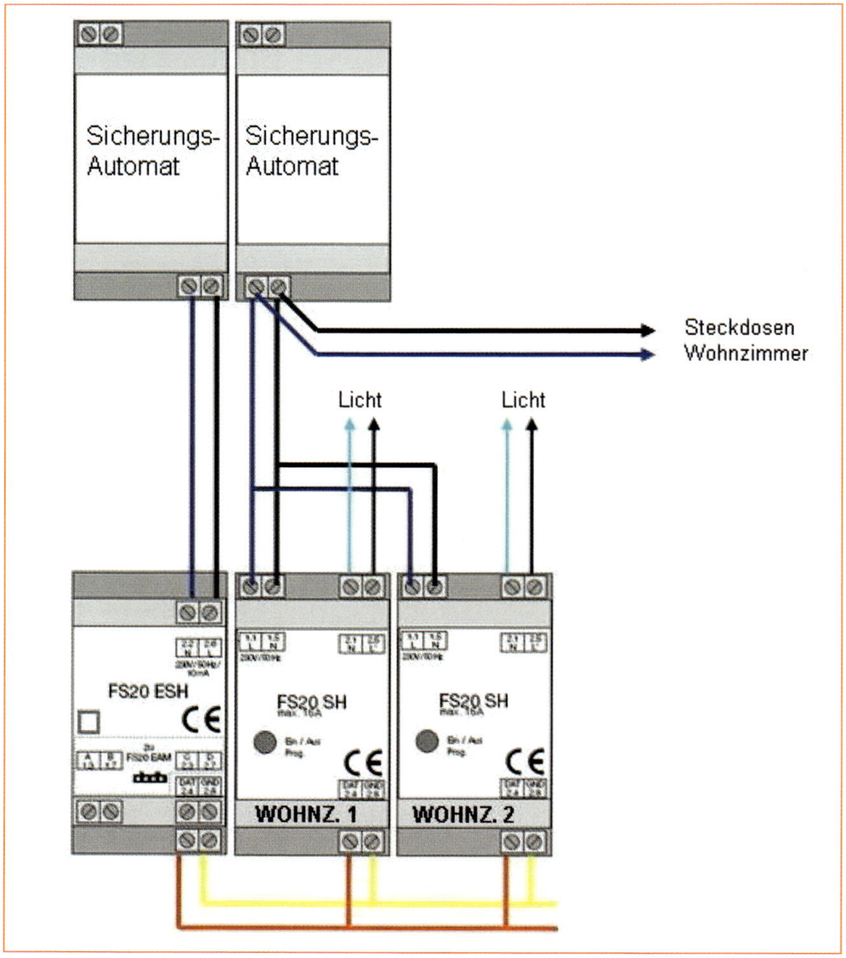

Abb. 14.5 – Verdrahtungsschema, wenn für einzelne Räume ein gemeinsamer Steckdosen- und Lichtstromkreis vorgesehen ist: Man klemmt die Steckdosen direkt an den Ausgang des Sicherungsautomaten, wo auch die Aktoren für die Lichtsteuerung anzuschließen sind.

denen Elektroinstallation ist das nicht anders. Da man allerdings für jede Lampe oder Lampengruppe, die per Funk geregelt werden soll, einen separaten Funkschalter braucht, gibt es manchmal ein Problem: Im Verteilerkasten hat man es bei Lichtstromkreisen nicht selten mit Gruppen von Lampen zu tun. Da pro Wohnraum nicht allzu viele Leuchten zu betreiben sind, werden sie aus zwei oder drei Räumen in einer Unterputz-Installationsdose zusammengefasst. Von dort geht es mit einer Leitung weiter zum Verteilerkasten. Würde man einen solchen Stromkreis per Funk steuern, würde man gleichzeitig das Licht in allen drei Räumen schalten. Damit das Licht dagegen in jedem einzelnen Raum getrennt per Funk regelbar ist, sind hinter dem Sicherungsautomat drei Hutschienen-Funkschalter parallel zu schalten. Verlegt man die notwendigen Leitungen, lassen sich an jeden dieser Aktoren die zu schaltenden Lampen für nur einen Raum anschließen.

Häufig überwacht der Sicherungsautomat in den Wohnräumen nicht nur die Lampen, sondern zugleich auch die Steckdosen.

Abb. 14.6 – Beim Einbau der Hutschienen-Komponenten im Verteilerkasten ist Vorsicht angebracht. Vor Beginn der Installationsarbeiten ist der gesamte Verteilerkasten vom Stromnetz zu trennen! Diese Abeiten sollte man einem Fachmann überlassen.

14.5 Installation der Hutschienen-Komponenten in der Praxis

Diese Installationsvariante hat den Vorteil, dass ganze Räume im Schadensfall geschützt sind, was die Unfallgefahr bei nachträglichen Installationsarbeiten oder Reparaturen verringern kann. Auch mit funkbasierten Haus-Steuerungs-Systemen kann man diese Praxis beibehalten. Man muss nur an den Ausgängen des Sicherungsautomaten den zu überwachenden Steckdosen-Stromkreis direkt anschließen und den Funkschalter parallel schalten. An der L- und N-Klemme des Sicherungsautomaten sind deshalb je zwei Drähte anzuklemmen. So ist die Lampe des Raums per Funk schaltbar, und trotzdem versorgen die Steckdosen alle Geräte, die an sie angeschlossen sind, rund um die Uhr mit Strom.

Abb. 14.7 – Installation des Funkempfängers für das Hutschienensystem: Da metallische Verteilerkästen Funkwellen abschirmen, muss man ihn außerhalb montieren.

15 Funk-Bewegungsmelder schalten mehr als Lampen

Bewegungsmelder sind meist aus der Außenmontage bekannt, wo sie Lampen schalten. Funk-Bewegungsmelder des vorgestellten Haus-Steuerungs-Systems unterscheiden sich dagegen in Geräte für den Außen- und für den Innen-Betrieb. Sie erlauben über Funkschalter nicht nur Lampen ein- und auszuschalten, sondern lassen weitere Anwendungen wie Dimmer- und Überwachungs-Funktionen zu. Das Buch beschreibt im Folgenden diese Funktionen anhand unterschiedlicher Modelle.

15.1 Außen-Bewegungsmelder flexibel einsetzbar

Dieser Funk-Bewegungsmelder ist kompakt, wasserdicht und deshalb für den Betrieb bei Wind und Wetter oder in Nassräumen wie Bädern geeignet. Er kann alle möglichen Funkschalter steuern und so einzelne Lampen oder ganze Wegbeleuchtungen schalten. Durch Batterien lässt sich der kompakte Funkmelder an unterschiedlichsten Orten aufstellen oder im Gehäuse stationär betreiben. Da er sich optimal ins beschriebene Adresssystem einordnet, kann man auch mit zwei Geräten die Außenbeleuchtung regeln. Wie sehr sich der funkbasierte Bewegungsmelder von herkömmlichen Lampen mit eingebautem Bewegungsmelder unterscheidet, zeigen seine Funktionen: Der kleine Sender besitzt zwei Funkkanäle und kann so mehrere Funkschalter oder Funkdimmer nach getrennt einstellbaren Parametern steuern, die ihrerseits Lichtquellen schalten. Mit Funkdimmern erlaubt er außerdem, Lampen unterschiedlich hell zu steuern. Im Freien überbrückt der Bewegungsmelder dabei eine Entfernung von bis zu 100 m. Der eingebaute Sensor, der auf die Wärmestrahlung von sich bewegenden Menschen und Tieren reagiert, besitzt eine Reichweite bis zu 6 m bei einem Erfassungswinkel von 90 Grad. Wahlweise springt der Funkmelder nur im Dunkeln oder auch bei Helligkeit an. Ab welcher Helligkeit er reagieren soll, ist individuell einstellbar. Die Erfassungslinse des Bewegungsmelders besitzt 17 Segmente und erfasst bei einer Installationshöhe von 2 m eine Fläche von rund 3,75 mal 3,75 m.

Abb. 15.1 – Der Funk-Bewegungsmelder lässt sich im Freien an beliebiger Stelle montieren und kann die Außenbeleuchtung schalten oder Überwachungsaufgaben übernehmen. Wegen seiner kompakten Abmessungen eignet er sich auch zum Campen.

Inbetriebnahme

Um den Funk-Bewegungsmelder in Betrieb zu nehmen, muss man zuerst das Gehäuse aufschrauben und die Platine herausnehmen. So gelangt man zum Batteriefach, in das zwei LR01-Lady-Batterien einzulegen sind, und nach rund 15 Sekunden ist das Gerät betriebsbereit. Die Batterien laufen bis zu einem Jahr. An der Seite ist das Gerät mit vier Tastern zu programmieren, eine

Montage

Der funkbasierte Außen-Bewegungsmelder lässt sich grundsätzlich an beliebiger Stelle des Hauses, vorzugsweise hängend oder senkrecht zum Überwachungsbereich montieren. Ein paar kleine Ausnahmen gibt es allerdings: Damit sich das Gerät nicht unbeabsichtigt einschaltet, sollte man es so befestigen, dass es vor direktem Sonnenlicht und Autoscheinwerfern geschützt ist. Bewegungsmelder funktionieren außerdem nicht durch Glasscheiben hindurch. Das Gerät sollte man zudem nicht in der Nähe von größeren Metallgegenständen und aluminiumverkleideten Wänden befestigen, weil das Metall die Reichweite des Senders verringert.

kleine Leuchtdiode signalisiert dabei die unterschiedlichen Einstellungen. Im Auslieferungszustand ist nur der erste Funkkanal aktiviert.

Einbinden ins Adresssystem

Für die Codierung des Bewegungsmelders sind wie bei allen anderen Sendern des vorgestellten Hausfunksystems der achtstellige Hauscode und für jeden Kanal je eine zweistellige Adressgruppe und Unteradresse einzugeben. So kann man im Bewegungsmelder neben Einzeladressen auch lokale und/oder globale Masteradressen speichern. Soll der Bewegungsmelder Funkschalter oder Funkdimmer steuern, die bereits in das Haus-Steuerungs-System integriert sind, muss man dazu den bereits verwendeten Hauscode einstellen. Um das zu schaffen, muss man allerdings das Gerät aus dem Gehäuse ausbauen, um so Zugang zu den vier Programmier- und Bedien-Tasten zu bekommen. Hält man die Platine so in der Hand, dass man von vorne auf die vier seitlich angebrachten Taster blickt, ist deren Reihenfolge 4-3-2-1. Um in den Hauscode-Programmier-Modus zu gelangen, sind die Tasten 1 und 3 für etwa fünf Sekunden zu drücken, bis die LED langsam blinkt. Jetzt gibt man den achtstelligen Hauscode, der für beide Funkkanäle des Geräts gilt, mit den vier Tasten ein. Das Gerät verlässt danach automatisch den Programmierbetrieb.

Um die Adressgruppe und die Unteradresse für jeden Funkkanal einzugeben, sind die Tasten 1 und 2 für Kanal 1 oder die Tasten 3 und 4 für Kanal 2 für fünf Sekunden zu drücken. Wie gehabt signalisiert die Leuchtdiode mit einem Blinken, wenn der Programmiermodus erreicht ist. Nun sind mit den vier Tasten der zweistellige Adresscode und die zweistellige Unteradresse einzugeben. Nach Eingabe der vierten Ziffer wird auch hier der Programmierbetrieb automatisch abgeschlossen.

Abb. 15.2 – Der funkbasierte Bewegungsmelder für den Außenbetrieb ist in einem Gehäuse der Schutzklasse IP65 eingebaut.

Abb. 15.3 – Auf die Platine sind vier Taster gelötet, mit denen man den Außenmelder komfortabel programmieren kann.

15.1 Außen-Bewegungsmelder flexibel einsetzbar

Werkseinstellungen des Außen-Bewegungsmelders	
Adresse Kanal 1	11 11
Adresse Kanal 2	11 12
Sendebefehl Kanal 1	34 (Ein für Einschaltdauer)
Sendebefehl Kanal 2	44 (Funkkanal deaktiviert)
Einschaltdauer Kanal 1 und 2	44 21 (eine Minute)
Sendeabstand Kanal 1 und 2	2 (24 Sekunden)
Helligkeitswert Kanal 1	2 immer aktiv)
Helligkeitswert Kanal 2	3 (nur bei Dunkelheit aktiv)
Filterzeit Kanal 1 und 2	2 (vier Minuten)
Hauscode	Zufallszahl

Die Adressierung legt ausschließlich fest, mit welchen Funkadressen die einzelnen Empfänger angesprochen werden. Sie besitzt keine Informationen darüber, wie lange oder wie hell eine Lampe leuchten soll, nachdem der Bewegungsmelder einen Einschaltimpuls an den Funkschalter übertragen hat. Das macht der Schaltbefehl des Bewegungsmelders, der individuell programmierbar ist. Da die Einstellungen ab Werk für viele Anwendungen unbefriedigend sind, ist das besonders wichtig.

Mit Funkdimmer Lampen unterschiedlich hell schalten

Der Außen-Bewegungsmelder kann Schaltbefehle auf zwei getrennt konfigurierbaren Funkkanälen übertragen. So lassen sich beispielsweise über einen Funkdimmer Lampen in vorgegebener Helligkeit eine bestimmte Zeit einschalten. Nachdem der Sensor des Geräts eine Bewegung erfasst hat, überträgt er einen Impuls zum Funkdimmer, der so das Licht einschaltet. Nach einer Minute schaltet sich der Funkschalter durch einen weiteren Impuls des Bewegungsmelders wieder aus, eine Zeit, die ab Werk eingestellt ist. Man spricht auch von der Einschaltdauer, die individuell änderbar ist. Registriert das Gerät dagegen innerhalb dieser Minute weitere Bewegungen, bleiben Funkdimmer und Lampe für eine weitere Minute eingeschaltet. Wie hell eine Lampe dabei leuchten soll, kann man allein mit dem Funkdimmer steuern – egal, ob Steckdosen- oder Einbau-Dimmer. Den Steuerbefehl dazu legt man im separaten Programmiermodus fest und bestimmt so, wie der Funkdimmer funktioniert. Funksteckdosen können Lampen dagegen nur bei voller Helligkeit ein- oder ausschalten. Wie sich Funkdimmer und Bewegungsmelder ergänzen können, zeigt der Modus 43 aus der folgenden Tabelle. In dieser Betriebsart schaltet der Bewegungsmelder bei Dunkelheit das Licht für die Einschaltdauer auf volle Helligkeit, wenn sich eine Person nähert. Nach Ablauf der Timerzeit regelt er das Licht wieder auf die ursprüngliche Helligkeit zurück. Diese Steuerung kann man auch in Innenräumen nutzen – beispielsweise, wenn in langen Gängen nur dort das Licht voll leuchten soll, wo gerade jemand geht. Damit sich der Funkdimmer wie gewünscht verhält, muss man den Schaltbefehl in den Bewegungsmelder programmieren. Dazu sind die Tasten 1, 3 und 4 für Kanal 1 gleichzeitig für rund fünf Sekunden zu drücken, bis die LED zu blinken beginnt. Möchte man den zweiten Funkkanal programmieren, sind die Tasten 1, 2 und 3 zu drücken. Anschließend ist der zweistellige Sendebefehls-Code laut Tabelle mit den vier Tasten ein-

Programmierbare Schaltbefehle Einzustellende Zahlen beim Bewegungsmelder	Schaltbefehl zum Funkdimmer
11	Ein auf alte Helligkeit
12	Aus
13	Ein auf 12,5% Helligkeit
14	Ein auf 25% Helligkeit
21	Ein auf 37,5% Helligkeit
22	Ein auf 50% Helligkeit
23	Ein auf 62,5% Helligkeit
24	Ein auf 75% Helligkeit
31	Ein auf 87,5% Helligkeit)
32	Ein auf 100% Helligkeit)
33	Aus für programmierte Schaltdauer
34	Ein auf alte Helligkeit für die Einschaltdauer, danach Aus
41	Ein auf 100% Helligkeit für die Einschaltdauer, danach Aus
42	Ein auf alte Helligkeit für die Einschaltdauer, danach alte Helligkeit
43	Ein auf 100% Helligkeit für die Einschaltdauer, danach alte Helligkeit
44	Funkkanal ausgeschaltet

zugeben, und der Programmiermodus wird automatisch verlassen.

Einschaltdauer als Timerfunktion programmieren

Mit dem Programmieren der Einschaltdauer lässt sich die Timerfunktion des Bewegungsmelders festlegen. Es ist die Zeit, die verstreicht, bis sich der Funkschalter durch einen Impuls des Bewegungsmelders wieder ausschaltet. Ab Werk ist wie bereits erwähnt eine Minute eingestellt, man kann aber auch andere Zeiten zwischen 0,25 Sekunden bis 4,25 Stunden programmieren. Um den Timer für Kanal 1 zu programmieren, ist die Taste 2 für fünf Sekunden zu drücken, für den zweiten Funkkanal ist das die Taste 4. Eine blinkende LED zeigt an, dass man den Programmierbetrieb für die Einschaltdauer erreicht hat, die mit einem vierstelligen Code einzugeben ist. Die ersten beiden Zahlen geben dabei den Multiplikationsfaktor an, der in der zweiten Spalte der folgenden Tabelle nachzulesen ist. Die dritte Spalte gibt den Zeitwert an, dem ein zweistelliger Code zugeordnet ist. Der Code „21" steht zum Beispiel für eine Einschaltzeit von vier Sekunden. Ist beispielsweise eine Einschaltdauer von 12 Sekunden gewünscht, ist anhand der Tabelle die Codezahl für den Multiplikationsfaktor 3 zu suchen, die 14 ist. Gibt man beim Programmieren der Einschaltdauer jetzt den Code 14 21 ein, schaltet der Bewegungsmelder das Licht nach 12 Sekunden wieder aus. Der Code 14 steht für den Multiplikationsfaktor 3, der Code 21 für eine Zeiteinheit von 4 Sekunden. Drei mal vier Sekunden ergeben so die Einschaltzeit des Bewegungsmelders von zwölf Sekunden. Ein weiteres Beispiel: Soll die Lampe rund drei Minuten eingeschaltet bleiben, suchen wir uns aus der Tabelle ebenfalls die passenden Werte heraus. Wir beginnen mit der Zeiteinheit in der dritten Spalte der Tabelle. Dem Code 31 sind 64 Sekunden zugeordnet. Diese passen zu einem Multiplikator von 3, weil 64 Sekunden mal drei 192 Sekunden ergeben. Das sind etwas mehr als drei Minuten. Dem Multiplikator 3 ist die Codezahl 14 zugeordnet. Damit wir unsere rund drei Minuten oder 192 Sekunden Einschaltdauer erhalten, ist deshalb der Code 14 31 zu programmieren.

Für etwas Verwirrung kann der Eintrag „Endlos" in der Spalte „Multiplikator" sorgen, dem der Code 11 zugeordnet ist. Gibt man einen mit „11" beginnenden vierstelligen Code ein, sendet der Bewegungsmelder ausschließlich einen Einschaltimpuls an den Funkschalter. Dadurch bleibt der Empfänger so lange eingeschaltet, bis man ihn manuell wieder ausschaltet – entweder über die Taste am Gerät oder mit einer Fernbedienung und zwar unabhängig davon, ob man zuvor eine bestimmte Einschaltdauer programmiert hat.

Einschaltdauer

Einzugebender Code	Multiplikator und 2. Ziffer	Zeitwert und 4. Ziffer
11	Endlos	0,25 s
12	1	0,5 s
13	2	1 s
14	3	2 s
21	4	4 s
22	5	8 s
23	6	16 s
24	7	32 s
31	8	64 s = 1 Min. 4 s
32	9	128 s = 2 Min. 8 s
33	10	256 s = 4 Min. 16 s
34	11	512 s = 8 Min. 32 s
41	12	1.024 s = 17 Min. 4 s
42	13	1.024 s = 17 Min. 4 s
43	14	1.024 s = 17 Min. 4 s
44	15	1.024 s = 17 Min. 4 s

Intervalle der Einschaltimpulse festlegen

Der Bewegungsmelder sendet in bestimmten zeitlichen Abständen Einschaltimpulse zum Funkschalter, wenn er Bewegungen registriert. Diese Intervalle muss man programmieren, weil das Gerät sonst fortlaufend Einschaltsignale übertragen und so unnötig Strom verbrauchen würde. Ein Intervall oder Sendeabstand von 56 Sekunden bedeutet beispielsweise, dass der Bewegungsmelder in den nächsten 56 Sekunden keinen Einschaltimpuls zum Funkschalter übermittelt. Der Bewegungsmelder ignoriert in dieser Zeit alle Bewegungen. Um in den Intervall-Programmier-Modus zu gelangen, sind gleichzeitig die Tasten 1 und 4 für Kanal 1 für fünf Sekunden zu drücken, für Kanal 2 sind es stattdessen die Tasten 2 und 3. Eine blinkende LED signalisiert, wenn der Programmierbetrieb erreicht ist. Vier Sendeintervalle von 8 bis 120 Sekunden stehen zur Wahl, die man programmiert, in dem man die zugeordnete Taste des Bewegungsmelders drückt. Welche Taste welche Sendefolge festlegt, ist der folgenden

Tabelle zu entnehmen. Für ein Einschaltintervall von 56 Sekunden ist etwa die Taste 3 zu drücken.

Sendeintervalle der Einschaltimpulse einstellen

Gedr. Taste im Gerät	Programmiertes Sendeintervall
1	8 s
2	24 s
3	56 s
4	120 s

Ab welcher Helligkeit soll der Bewegungsmelder funktionieren?

Den Bewegungsmelder für den Außenbetrieb kann man nicht nur bei Dunkelheit, sondern auch bei Tageslicht einsetzen. Außerdem sind Helligkeitswerte programmierbar, ab denen das Gerät Funkschalter steuert, zum Beispiel in der fortgeschrittenen Abenddämmerung. Die Helligkeitswerte lassen sich dabei für jeden Funkkanal separat einstellen. Um in den entsprechenden Einstellmodus zu gelangen, ist für Kanal 1 die Taste 1 für rund fünf Sekunden zu drücken. Für Kanal 2 drückt man analog die Taste 3. Sobald das Gerät im entsprechenden Programmierbetrieb angekommen ist, leuchtet die eingebaute LED konstant für eine Minute. In dieser Minute muss man dabei die Platine des Bewegungsmelders wieder ins Gehäuse einbauen und am Montage-Ort platzieren – denn das Gerät ermittelt danach die aktuelle Helligkeit innerhalb einer Sekunde und speichert diese als Grenzwert! Da der Bewegungsmelder beim Programmiervorgang den aktuellen Helligkeitswert misst und speichert, muss man ihn zur vorgesehenen Schaltzeit draußen programmieren. Nur so wird der Bewegungsmelder zur gewünschten Helligkeit aktiv.

Das richtige Sendeintervall einstellen

Jeder Einschaltimpuls, den der Bewegungsmelder zum Funkschalter überträgt, verbraucht Strom. Je kürzer das Sendeintervall ist, desto kürzer ist deshalb auch die Lebensdauer der Batterie des Bewegungsmelders. Man sollte die Einschaltimpulse also sparsam einstellen und dabei die Sendeintervalle stets kürzer wählen als die Einschaltdauer. Nur so kann der Bewegungsmelder rechtzeitig einen neuen Einschaltimpuls zum Funkschalter übermitteln, so dass man nicht eine Zeit lang im Dunkeln steht. Den Sendeabstand von acht Sekunden darf man nicht dort einstellen, wo der Bewegungsmelder pro Stunde mehr als 180 Bewegungen registriert. Sonst wird die maximal zulässige Sendezeit pro Stunde überschritten.

Anstatt den Helligkeitswert individuell festzulegen, kann man mit den Tasten 1 bis 4 des Funkmelders auch auf feste Werte zurückgreifen. Pro Kanal stehen dabei zwei Betriebsvarianten zur Wahl. Drückt man innerhalb der Minute Wartezeit die Ziffer 1, ist der Funkkanal nur bei Dunkelheit aktiv, drückt man stattdessen die 2, reagiert das Gerät rund um die Uhr auf Bewegungen. Sinngemäß kann man diese Werte auch für Kanal 2 vergeben, genaue Auskunft gibt die Tabelle.

Gerät bei Tag oder Nacht nutzen

Taste	Einstellung
1	Kanal 1 nur bei Dunkelheit aktiv
2	Kanal 1 immer aktiv
3	Kanal 2 nur bei Dunkelheit aktiv
4	Kanal 2 immer aktiv

15.1 Außen-Bewegungsmelder flexibel einsetzbar

Filterzeit programmieren

Die Filterzeit legt fest, wie lange die Umgebungshelligkeit über dem eingestellten Schaltwert liegen muss, damit der Bewegungsmelder den Zustand „Hell" erkennt. Stellt man „Schalten bei Dunkelheit" ein, überträgt das Gerät ab ausreichender Helligkeit keinen Einschaltimpuls mehr an den Funkschalter, wenn sich eine Person nähert. Je länger man die Filterzeit einstellt, umso länger dauert es, bis der Bewegungsmelder ausreichende Helligkeit oberhalb des eingestellten Grenz- oder Schalt-Wertes erkennt. Um die Filterzeit zu programmieren, sind für Kanal 1 die Tasten 2, 3 und 4 gleichzeitig für rund fünf Sekunden gedrückt zu halten, bis die LED blinkt. Für Kanal 2 sind dies die Tasten 1, 2 und 4. Danach lässt sich die gewünschte Filterzeit zwischen zwei und 16 Minuten aus der Tabelle auswählen und mit den Tasten 1 bis 4 eingeben.

Filterzeit festlegen

Gedrückte Taste	Filterzeit
1	2 Minuten
2	4 Minuten
3	8 Minuten
4	16 Minuten

Mit Tasten Bewegungsmelder individuell programmieren

Die folgende Tabelle zeigt in einer Übersicht, mit welchen Tastenkombinationen die verschiedenen Untermenüs aufzurufen sind, um den Außen-Bewegungsmelder individuell einstellen zu können.

Funktion	S1	S2	S3	S4
Kanal 1 ausschalten	kurz			
programmierten Befehl auf Kanal 1 senden		kurz		
Kanal 2 ausschalten			kurz	
programmierten Befehl auf Kanal 2 senden				kurz
Timeset Kanal 1	1 s	1 s		
Timeset Kanal 2			1 s	1 s
Helligkeitswert Kanal 1	5 s			
Helligkeitswert Kanal 2			5 s	
Einschaltdauer Kanal 1		5 s		
Einschaltdauer Kanal 2				5 s
Adresse Kanal 1	5 s	5 s		
Adresse Kanal 2			5 s	5 s
Sendeintervall Kanal 1	5 s			5 s
Sendeintervall Kanal 2		5 s	5 s	
Sendebefehl Kanal 1 (de)aktivieren	5 s		5 s	5 s
Sendebefehl Kanal 2 (de)aktivieren	5 s	5 s	5 s	
Filterzeit Kanal 1		5 s	5 s	5 s
Filterzeit Kanal 2	5 s	5 s		5 s
Hauscode einstellen	5 s		5 s	
Werkseinstellungen		5 s		5 s

15.2 Innen-Bewegungsmelder überwacht Räume und steigert den Wohnkomfort

Während der Außen-Bewegungsmelder vor allem für Lichtsteuerungen infrage kommt, kann der Innenraum-Bewegungsmelder zusammen mit dem Signalgeber auch Räume überwachen – jedenfalls, wenn man verhindert, dass Haustiere in die überwachten Räume laufen und so einen Fehlalarm auslösen. Er kann außerdem über Funkschalter unterschiedlichste Geräte einschalten, sobald eine Person den Raum betritt und so den Wohnkomfort erhöhen. Das Gerät hat die Form eines rund 15 cm hohen Zylinders und lässt sich an Wänden oder Decken anschrauben. Sein Sensor überbrückt eine Entfernung von bis zu 12 m und besitzt einen Erfassungswinkel von 90 Grad. Wegen seiner runden Bauweise kann man den Funk-Bewegungsmelder um rund 45 Grad schwenken und so den Erfassungsbereich ideal anpassen. Es gibt zwei Varianten des Geräts: Das komfortablere Modell besitzt mit dem so genannten Unterkriechschutz einen zweiten Sensor, der den toten Winkel des Hauptsensors überwacht. Er ist an der Unterseite des Funkmelders eingebaut. Es gibt zwei Varianten des Geräts.

Abb. 15.4 – Der Funk-Bewegungsmelder für Innenräume besitzt zwei Sensoren, die den zu überwachenden Raum lückenlos erfassen.

Installation und Programmierung

Obwohl sich der Bewegungsmelder für Innenräume äußerlich deutlich vom Modell für Außenanwendungen unterscheidet, sind beide enge Verwandte. Beide Geräte besitzen die gleichen Funktionen und programmierbaren Einstellungen. An seiner Oberseite hat die Innenausführung eine einfache Konstruktion, mit der das Gerät schwenkbar und an einer Wand anzuschrauben ist. Erst nachdem man dieses Kunststoffteil abgezogen hat, lässt sich das darunter liegende Batteriefach öffnen. Drei LR06-Mignon-Batterien erlauben einen Betrieb von bis zu drei Jahren. Im Batteriefach sind auch die vier Programmiertasten montiert, über die das Gerät sowie das Außenmodell zu bedienen sind. Die Leuchtdiode zeigt wie gehabt den Programmierbetrieb an. Dazu muss man allerdings diesen Bewegungsmelder um 180 Grad drehen und durch die große Kunststofflinse schauen, durch die der Sensor arbeitet. Die LED ist dabei

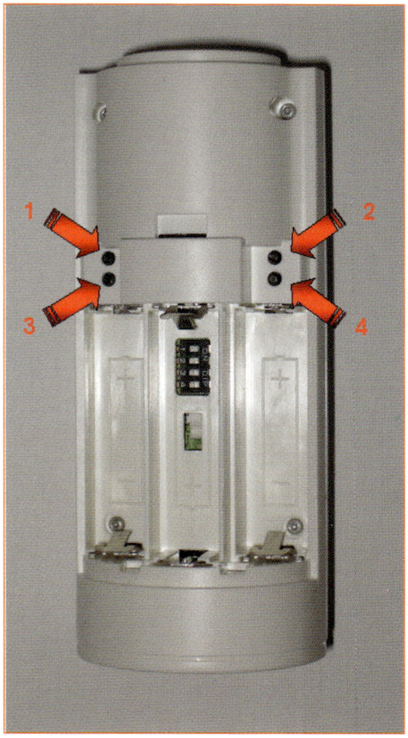

Abb. 15.5 – Die Programmiertasten des Innen-Funkmelders, die die Grafik zeigt, sind im rückseitigen Batteriefach verborgen.

15.2 Innen-Bewegungsmelder überwacht Räume und steigert Wohnkomfort

Abb. 15.6 – Die beiden Sensoren des Bewegungsmelders überwachen den Raum lückenlos.

nur schwer zu erkennen. Die vier Tasten sind etwas klein geraten und unglücklich angeordnet, so dass man sich beim Programmieren des Geräts sehr konzentrieren muss.

Mit Kippschaltern Funkkanäle aktivieren

Ebenfalls im Batteriefach sind vier kleine Kippschalter montiert, mit denen man die beiden Funkkanäle ein- oder ausschalten kann. Diese fehlen beim Außenmodell. Jedem Steuerkanal sind dabei zwei Schalter zugeordnet, so dass der Bewegungsmelder Steuerbefehle nur über Kanal 1 oder Kanal 2 oder über beide Funkkanäle übertragen kann. Mit den Kippschaltern lässt sich außerdem einstellen, ob die beiden Kanäle nur bei Dunkelheit oder auch bei Tageslicht Steuerbefehle an den Funkschalter übermitteln sollen.

Signalgeber gibt Alarm

Ist der Bewegungsmelder auf Dunkelheit gestellt, braucht er den Signalgeber, um bei einer registrierten Bewegung Alarm auszulösen. Da der Signalgeber vier Funkkanäle besitzt, können ihn bis zu vier unterschiedliche Bewegungsmelder oder Gruppen von Bewegungsmeldern steuern. Da man jedem Kanal einen individuellen Ton zuordnen kann, teilt der Signalgeber automatisch mit, in welchem Raum ein Funkmelder eine Bewegung registriert hat.

Mit Alarmanlage verbinden

Funk-Bewegungsmelder lassen sich auch mit verschiedenen Alarmanlagen verbinden. So kann man

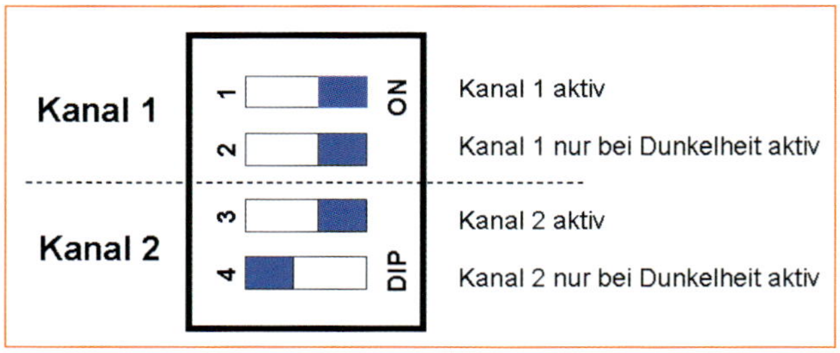

Abb. 15.7 – Mit den vier Kippschaltern lassen sich die beiden Kanäle einstellen, über die der Bewegungsmelder unterschiedlichste Funkschalter steuern kann. In diesem Beispiel reagiert Kanal 1 nur bei Dunkelheit, Kanal 2 löst dagegen auch bei Tageslicht Schaltbefehle aus.

Funktionen der Kippschalter

Kippschalter	Stellung: OFF	Stellung: ON
1	Kanal 1 aus	Kanal 1 ein
2	Kanal 1 auch bei Tageslicht aktiv	Kanal 1 nur bei Dunkelheit aktiv
3	Kanal 2 aus	Kanal 2 ein
4	Kanal 2 auch bei Tageslicht aktiv	Kanal 2 nur bei Dunkelheit aktiv

15.2 Innen-Bewegungsmelder überwacht Räume und steigert Wohnkomfort

kabelgebundene Stromkreise überwachen, indem man das Schaltmodul des Hutschienen-Funk-Systems zweckentfremdet. Dazu verbindet man diesen Funkschalter nicht mit dem 230-Volt-Stromnetz, sondern schaltet einen zu überwachenden Stromkreis, der direkt mit der Alarmzentrale verbunden ist. Registriert der Innenraum-Bewegungsmelder eine Bewegung, überträgt er einen Einschaltimpuls zum Hutschienen-Schalter, der den überwachten Stromkreis unterbricht und so einen Alarm auslöst. Man kann den Alarm sogar bis zur Polizeiwache weiterleiten.

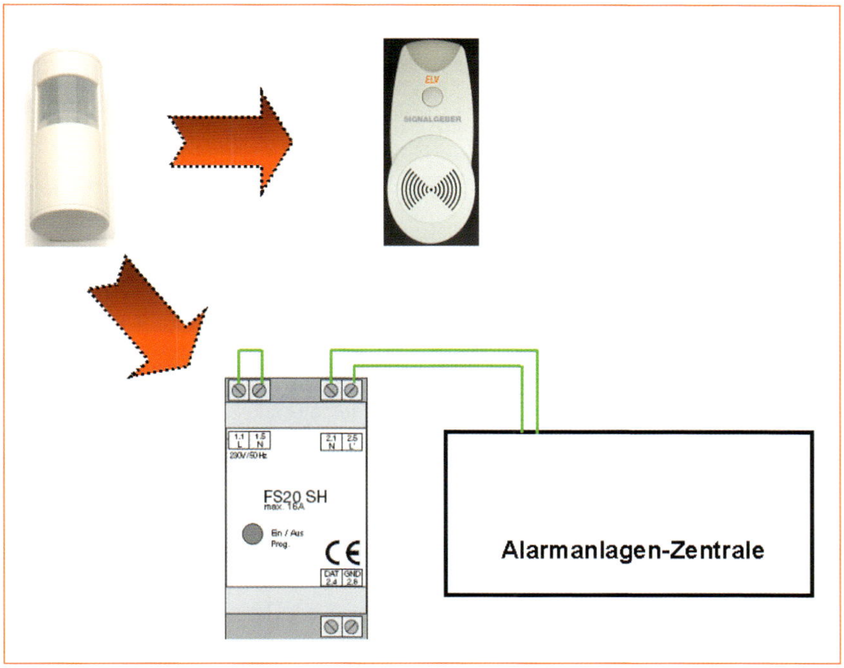

Abb. 15.8 – Der Innenraum-Bewegungsmelder kann nicht nur einen Signalgeber einschalten und so einen Alarm auslösen, er lässt sich auch in beliebige Alarmanlagen einbinden.

Innen-Bewegungsmelder schalten unterschiedlichste Geräte

Innen-Bewegungsmelder können über Funkempfänger unterschiedlichste Geräte ein- und ausschalten, wenn eine Person einen Raum betritt und so den Wohnkomfort erhöhen. So kann der Bewegungsmelder beispielsweise Licht und Radio automatisch beim Betreten des Fitnessraums einschalten. Da man sich beim Sport bewegt, erfasst der Funkmelder ständig neue Bewegungen, so dass er die Geräte nicht vorzeitig wieder abschaltet. Verlässt man den Fitnessraum, werden alle Geräte wieder automatisch ausgeschaltet. Diese Beispiele zeigen nur einige wenige Möglichkeiten, wo und wie man Funk-Innenraum-Bewegungsmelder einsetzen kann. Sie steigern den Wohnkomfort und können außerdem ausgeklügelte Sicherheitsaufgaben übernehmen. Ihr Funktionsumfang bleibt dabei nicht auf Komponenten des funkbasierten Haus-Steuerungs-Systems beschränkt.

15.3 Bewegungsmelder für gleich bleibend helle Räume

Der Funk-Bewegungsmelder für gleich bleibend helle Räume sichert unter wechselnden äußeren Lichtverhältnissen stets eine gleichmäßige Raumhelligkeit. Vom Innenraum-Bewegungsmelder unterscheidet sich dieses Gerät in einigen Bereichen: So fehlt ein zweiter Bewegungssensor, der den gesamten Raum lückenlos erfasst. Außerdem steuert es einen Funkdimmer nur über einen Kanal. Von den vier Kippschaltern, die im Batteriefach eingebaut sind, kann man mit dem ersten den Funkkanal ein- oder ausschalten. Die anderen Schalter haben keine Funktion.

Die Programmierung ist bei der gewünschten Umgebungshelligkeit vorzunehmen, da das Gerät die aktuelle Helligkeit als Sollwert speichert. Um diesen zu programmieren, ist die Taste 1 für fünf Sekunden zu drücken, bis die LED dauerhaft leuchtet. Nun ist der Bewegungsmelder innerhalb einer Minute an den Montage-Ort zu bringen, da er nach Ablauf der Wartefrist die aktuelle Helligkeit misst und als Grenzwert speichert. Sobald die Helligkeit unter diesen Wert fällt und das Gerät eine Bewegung registriert, überträgt es ein Steuersignal an den Funkdimmer. Dieser regelt daraufhin die angeschlossenen Leuchten auf den einprogrammierten Sollwert hoch. Innerhalb der Einschaltdauer regelt der Funkmelder bei Bewegungen das Licht regelmäßig nach, um so die eingestellte Helligkeit jederzeit sicherzustellen. Wechselt man später die geregelte Lampe gegen eine schwächere aus, erkennt der Bewegungsmelder den Helligkeitswert als Fehler, so dass eine neue Einstellung erforderlich ist. Ist die neue Lampe zu schwach, gelingt es mitunter nicht, den Sollwert zu erreichen.

16 Dank Näherungssender: Nasse oder schmutzige Hände schalten Licht ohne Berührung

Ein naher Verwandter der funkbasierten Bewegungsmelder ist der Näherungssender, der vor allem dem Außen-Bewegungsmelder ähnelt. Beide Geräte unterscheiden sich nur dadurch, wie sie auf Bewegungen reagieren. Der Näherungssender reagiert auf geänderte Kapazitäten auf seiner Sensoroberfläche, indem er einen Steuerbefehl an einen Funkschalter überträgt. Diese Kapazitätsänderungen können schmutzige oder nasse Hände hervorrufen und so berührungslos etwa das Licht am Waschbecken schalten. Der Näherungssender eignet sich deshalb ideal für Bäder, die Küche, in der Werkstatt und im Freien. Das Gehäuse erfüllt die Schutzklasse IP65 und ist so für Außenbetrieb und in feuchten Räumen geeignet.

16 Dank Näherungssender: Nasse oder schmutzige Hände schalten Licht ohne Berührung

Durch den kabellosen Batteriebetrieb ist das Gerät flexibel einsetzbar. Der Näherungssender ist über vier Taster zu programmieren, die wie beim Bewegungsmelder nur zu erreichen sind, wenn man den Schalter aus dem Gehäuse ausbaut. Er besitzt die gleichen Funktionen wie der Außen-Bewegungsmelder und ist auch so zu programmieren.

Der Näherungssender kann auch Türen öffnen helfen. Nähert sich eine Person der Sensorfläche, gibt das Gerät zur Kontrolle für jeden der beiden Kanäle ein optisches Signal über die eingebaute LED und einen Ton über einen Signalgeber aus. Der Ton ist dabei in vier Stufen regelbar. Um in den Programmierbetrieb des Signalgebers zu gelangen, drückt man die Tasten 1 und 4 für fünf Sekunden und gibt anschließend mit denselben Tasten die Tonart nach der Tabelle ein. Danach wird der Programmiermodus automatisch abgeschlossen.

Den Signalgeber einstellen

Taste	Tonhöhe
1	Ein, hoher Ton
2	Ein, mittlerer Ton
3	Ein, tiefer Ton
4	Aus

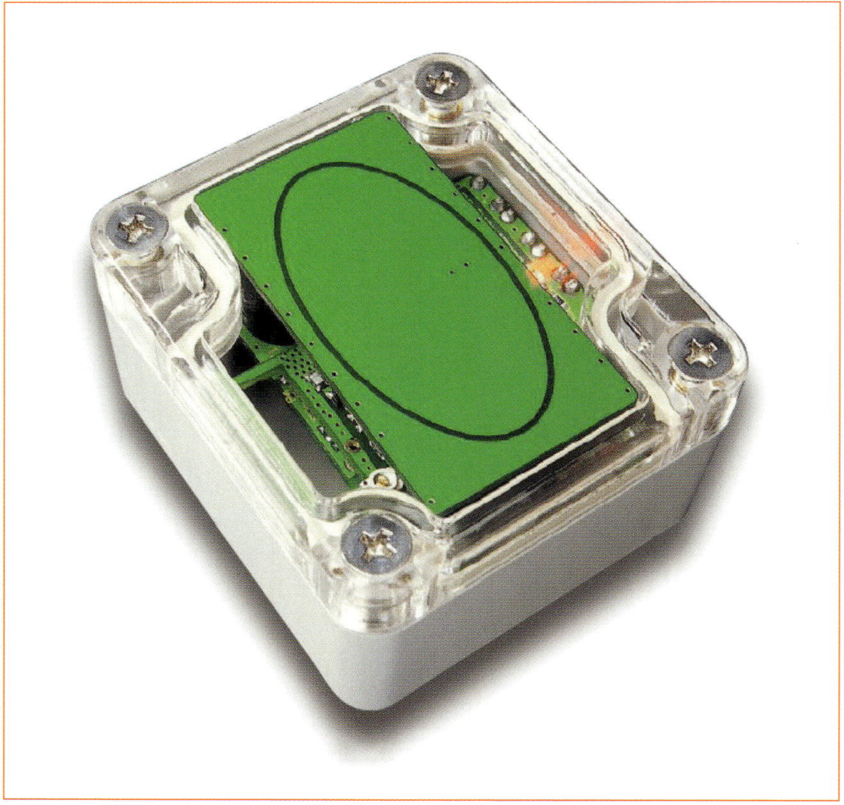

Abb. 16.1 – Der Näherungssender erlaubt das berührungslose Schalten von Lampen in feuchten Räumen.

17 Dämmerungssender steuert Wegbeleuchtung oder Jalousien

17 Dämmerungssender steuert Wegbeleuchtung oder Jalousien

Der Dämmerungssender reagiert auf Helligkeit und steuert so zugleich unterschiedliche Funkschalter, die ihrerseits die Wegbeleuchtung einschalten oder Jalousien herunterfahren können. Der Sender überträgt dabei die Steuerbefehle auf zwei unabhängigen Funkkanälen des beschriebenen Haussteuersystems. Für jeden Kanal lassen sich wie beim Bewegungsmelder die Helligkeitsschwelle, die Filterzeit gegen zu häufiges Senden des Einschaltimpulses und das Ein- und Aus-Schalten beim Wechsel von Hell zu Dunkel und umgekehrt einstellen. Man sollte dabei das Gerät programmieren, bevor es an einer Wand befestigt wird. Ist der Dämmerungssender einmal fest montiert, kommt man nur noch schwer an seine vier beschrifteten Programmiertasten auf der Platine heran. Auf dieser ist außerdem die Halterung für zwei Mignon-Batterien aufgelötet, mit denen man das Gerät mehrere Jahre betreiben kann.

Der Dämmerungssender kann alle beschriebenen Funkschalter ansprechen und so auch Tore öffnen oder schließen und andere Schaltvorgänge auslösen. Da das Gerät auf zwei Funkkanälen bis zu zwei Empfänger des Haussteuersystems unabhängig ansprechen kann, sind sehr individuelle Schaltanwendungen realisierbar. In der Abenddämmerung kann man so mit Kanal 1 die Außenbeleuchtung einschalten. Über den zweiten Kanal lassen sich später bei fortgeschrittener Dämmerung zusätzlich die Jalousien herunterfahren.

Schattiger und überdachter Montage-Ort

Die meisten Dämmerungssender sind fest in Lampen einzubauen oder über eine Leitung in der Nähe zu installieren. Sind Lampe und Dämmerungssender allerdings zu

Abb. 17.1 – Der Dämmerungssender ähnelt einer gewöhnlichen Aufputz-Installationsdose.

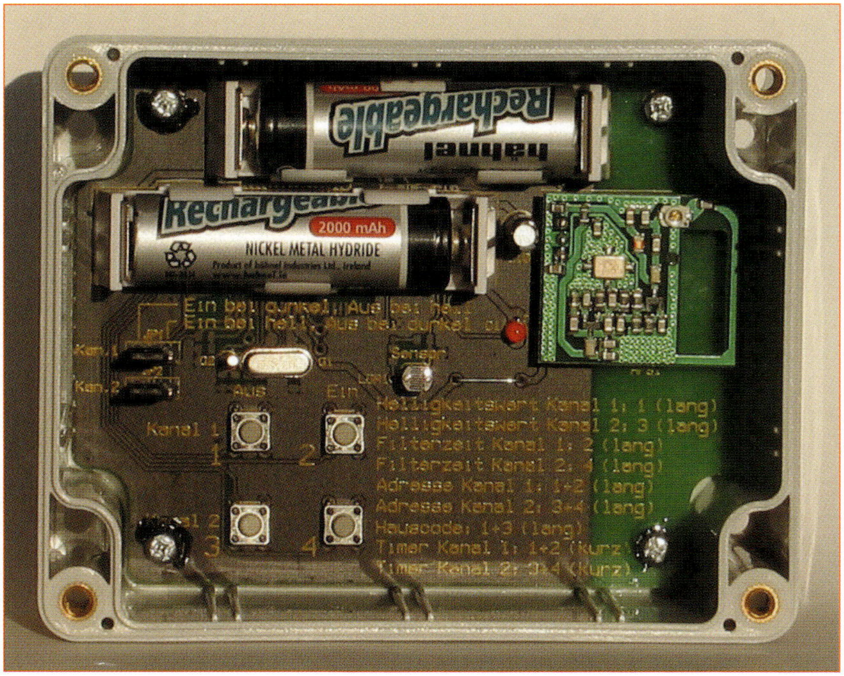

Abb. 17.2 – Innenleben des Dämmerungssenders: Auffallend ist die umfangreiche Beschriftung, die auch über die Programmierung informiert.

dicht beieinander, kommt es in ungünstiger Lage meist zu ungewollten Blinkeffekten. Ein Beispiel: Nachdem der Dämmerungssender die Lampe am Abend eingeschaltet hat, erkennt er, dass es nun wieder hell ist und schaltet die Lampe wieder ab. Baut man beide Komponenten weit genug auseinander auf, gibt es dagegen keine Probleme – und das ist keine Schwierigkeit, denn der Sender kann im Freien Funkschalter bis zu einer Entfernung von 100 m steuern. Man kann ihn bequem an einer Stelle montieren, an der weder zu schaltende Lampen leuchten noch die Lichtkegel vorbeifahrender Autos oder Straßenlaternen stören können. Damit auch wandernde Schatten den Dämmerungssender nicht irritieren, sollte man ihn an einer schattigen und überdachten Stelle befestigen.

Adresssystem einstellen

Soll der Dämmerungssender in das Haus-Steuerungs-System eingebunden werden, ist zuerst wie gehabt der Hauscode einzustellen. Zuerst sind dafür die Tasten 1 und 3 für fünf Sekunden zu drücken und anschließend der achtstellige Code mit den vier Programmiertasten einzugeben. Um in den Programmiermodus für die Adressgruppe und die Unteradresse zu gelangen, sind die Tasten 1 und 2 für Kanal 1 für fünf Sekunden zu drücken, für Kanal 2 sind es die Tasten 3 und 4. Danach lässt sich die Adresse eingeben. Die Vergabe einheitlicher Hauscodes und Adressen ist wichtig, wenn der Dämmerungssender gemeinsam mit anderen Sendern des Haus-Steuersystems unterschiedliche Funkschalter steuern soll.

Bei welcher Helligkeit soll das Gerät anspringen?

Wie beim Außen-Bewegungsmelder sind Helligkeitswerte programmierbar, ab denen das Gerät anspringt und so Funkschalter steuert. Für jeden der beiden Kanäle sind unterschiedliche Helligkeits-Schwellwerte einstellbar. Diese sollte man draußen programmieren, da nur so der Dämmerungssender zur gewünschten Helligkeit aktiv wird. Man beginnt mit Kanal 1 und drückt dafür die Taste 1 für fünf Sekunden, bis die LED kurz aufblinkt. Jetzt ist der Deckel innerhalb einer Minute zu schließen, weil das Gerät nach einer Minute die aktuelle Helligkeit misst und als Schaltschwelle speichert. Die gleiche Prozedur ist erforderlich, wenn man den zweiten Kanal mit Taste 3 programmiert.

Schaltbefehle programmieren

Mit der Werkseinstellung sendet der Dämmerungssender auf jedem programmierten Kanal Ein- und Ausschaltbefehle, wenn die eingestellten Helligkeitswerte über- oder unterschritten werden. Auf Wunsch überträgt der Schalter auch nur Ein- oder Ausschalt-Befehle. Soll er auf Kanal 1 nur Einschaltsignale an Funkschalter übertragen, sind die Tasten 2, 3 und 4 für etwa fünf Sekunden gleichzeitig zu drücken, bis die LED kurz aufblinkt. Soll das Gerät nur Ausschaltsignale senden, sind die Tasten 1, 3 und 4 für fünf Sekunden zu drücken – für Kanal 2 sind dies die Tasten 1, 2 und 4 oder 1, 2 und 3. Drückt man alle vier Tasten gleichzeitig für rund fünf Sekunden, bis die LED blinkt, lassen sich beide Kanäle wieder in den ursprünglichen Zustand zurücksetzen. Je nach Bedarf kann man den ersten Kanal allein für Einschaltsignale programmieren und den zweiten für Ausschaltbefehle.

17 Dämmerungssender steuert Wegbeleuchtung oder Jalousien

Ein- und Ausschalt-Impulse über Drahtbrücke einstellen

Wann der Dämmerungssender Einschalt- oder Ausschalt-Impulse überträgt, stellt man für jeden Funkkanal über die Drahtbrücke auf der Platine ein. Ist der Jumper in die linke Position gesteckt, sendet der Dämmerungssender bei einsetzender Dunkelheit einen Einschalt- und bei steigender Helligkeit einen Ausschalt-Impuls. Ist der Jumper rechts gesteckt, überträgt der Sender die Schaltbefehle in umgekehrter Reihenfolge.

Auf ausreichend Filterzeit achten

Bei normalem Betrieb misst der Dämmerungssender pro Minute einmal die Helligkeit. Damit er keinen Schaltbefehl auslöst, wenn es durch Schatten mal kurz dunkler wird, sind ausreichend lange Filterzeiten zu programmieren. Im Auslieferungszustand ist diese Zeit auf vier Minuten eingestellt. Dabei akzeptiert das Gerät nur dann einen Helligkeitswert, wenn es 4-mal hintereinander die gleiche Lichtstärke gemessen hat. Die Filterzeit ist dabei für Kanal 1 und 2 getrennt einstellbar. Dafür drückt man die Taste 2 für rund fünf Sekunden, bis die LED blinkt. Danach lässt sich anhand der Tabelle die Filterzeit für Kanal 1 mit einer der vier Tasten auswählen. Um die Filterzeit für Kanal 2 zu ändern, ist zuerst Taste 4 zu drücken.

Filterzeit einstellen

zu drückende Taste	Filterzeit
1	2 Minuten
2	4 Minuten
3	8 Minuten
4	16 Minuten

18 Funksensor reagiert bei Regen

18 Funksensor reagiert bei Regen

Der Funk-Regen-Sensor ist mit freiem Blick zum Himmel zu montieren, also an einer Stelle, wo Niederschläge direkt auf seine Sensoroberfläche treffen. Kein Wunder, denn wenn die ersten Regentropfen fallen, sendet er auf zwei Funkkanälen Schaltbefehle, die unanhängig voneinander programmierbar sind. Die Sensoroberfläche besitzt eine Heizung, damit sie schnell trocknet und so falsche Steuerbefehle vermeidet. Das Gerät kann Dachluken- oder Markisen-Antriebe, automatische Bewässerungsanlagen und Lampen steuern. Die Schaltbefehle sind sowohl als Ein- wie auch als Ausschalt-Befehle mit einstellbarer Einschaltdauer und Intervallzeit individuell programmierbar. Neben den beiden Funkkanälen besitzt der Regensensor auch einen Relais-Schalterausgang mit je einem Öffner und Schließer, der Funkempfänger direkt steuern kann.

Abb. 18.1 – Der Regensensor kann Dachluken- oder Markisen-Antriebe steuern.

18.1 Inbetriebnahme

Der Regensensor benötigt eine externe Stromversorgung mit 12 bis 15 Volt Gleich- oder Wechsel-Spannung, die Stromaufnahme bewegt sich bei 200 mA. Zum Anschließen der Stromversorgung und zum Programmieren des Geräts muss man es öffnen. Auf der Platine sind vier mit TA1 bis TA4 beschriftete Taster montiert, über die zusammen mit einer Leuchtdiode alle Einstellungen vorzunehmen sind. Daneben sind zwei Drahtbrücken oder Jumper befestigt, die mit JP1 und JP2 gekennzeichnet sind. Bei den zwei Klemmen, an die die Stromversorgung anzuschließen ist, braucht man nicht auf Plus und Minus zu achten. Drei weitere Klemmen dienen zum direkten Anschluss eines zu steuernden Geräts. Auch hier sind die Schaltkontakte, die den einzelnen Klemmen zugeordnet sind, gut beschriftet.

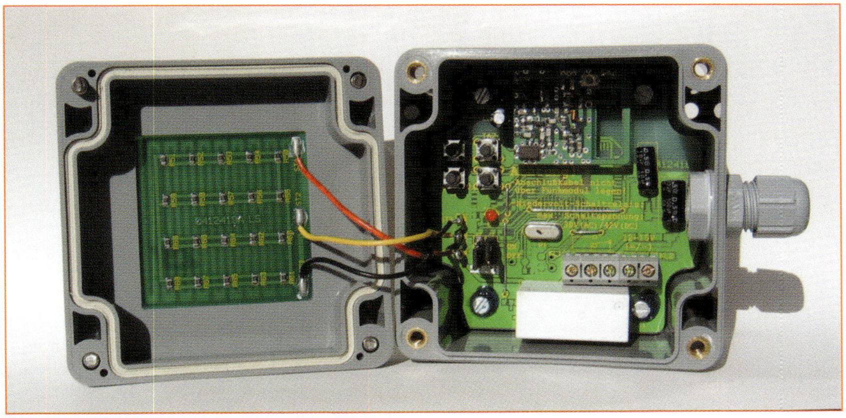

Abb. 18.2 – Beim Öffnen des Regensensors ist der Deckel nicht einfach abnehmbar, weil dort der Sensor eingebaut und mit der Platine verbunden ist.

18.2 Programmierung wie beim Außen-Bewegungsmelder

Der Regensensor ist von einer kleinen Ausnahme abgesehen so zu programmieren wie der Außen-Bewegungsmelder. Zuerst sind die beiden Jumper an der Reihe, mit denen die beiden Funkkanäle ein- oder auszuschalten sind. Die Beschriftungen „ON" und „OFF" informieren, in welche Positionen die Jumper zu stecken sind. Einen kleinen Unterschied zum Außen-Bewegungsmelder gibt es nur beim Einstellen des Sendebefehls. Um diesen Programmiermodus zu aktivieren, ist für Kanal 1 die Taste 1 für fünf Sekunden zu drücken, bei Kanal 2 ist es die Taste 3. Keine Unterschiede in der Handhabung gibt es bei der Festlegung von Einschaltdauer und Sendeintervall.

19 Tür-Fenster-Kontakt überwacht Türen und Fenster

19 Tür-Fenster-Kontakt überwacht Türen und Fenster

Der Tür-Fenster-Kontakt besteht aus einem Sender und einem Magneten, die vor allem geschlossene Türen und Fenster zusammen mit einem Signalgeber überwachen. Öffnet eine unbefugte Person das Fenster, löst der Signalgeber Alarm aus, und das funktioniert im Einzelnen so: Neben dem Sender am Fenster ist am Fensterflügel zusätzlich der kleine Magnet zu befestigen. Dabei sollten Magnet und Sender bei geschlossenem Fenster nicht weiter als einige Zentimeter voneinander entfernt sein. Der Sender überwacht das Magnetfeld über ein so genanntes Reed-Relais, das reagiert, wenn sich das Magnetfeld ändert. Öffnet jetzt eine unbefugte Person das Fenster, vergrößert sich der Abstand zwischen Magnet und Sender, so dass das Magnetfeld schwächer wird. Das Reed-Relais gibt dadurch einen Steuerimpuls an den Sender, der so einen Einschaltimpuls an einen Signalgeber überträgt, der Alarm auslöst. Neben Fenstern und Türen kann der Tür-Fenster-Kontakt so auch Schubladen, Verriegelungen oder Tritt- und Schließ-Kontakte überwachen. Dabei erleichtert man sich die Montage, wenn man den Magneten links oder rechts des Senders befestigt.

Das Gerät kann außerdem helfen, den Wohnkomfort zu steigern. Mit ihm lässt sich beispielsweise überwachen, wann der Briefträger die Post bringt. Dazu sind Sender und Magnet lediglich im Briefkasten einzubauen, die seine Klappe so auf Bewegung überwachen – vorausgesetzt, der Briefkasten ist aus Kunststoff. Wirft der Briefträger die Post ein, löst das Reed-Relais einen Steuerimpuls aus, so dass der Sender einen Schaltbefehl an den Signalgeber überträgt. Dieser schlägt sofort mit einem optischen Signal oder einem Ton an. Metallbriefkästen sind nicht verwendbar, da sie die Funkwellen des Senders nicht nach draußen lassen. Fachleute sprechen in diesem Fall von einem faradayschen Käfig. Über eine Schraubklemme lassen sich am Tür-Fenster-Kontakt zusätzliche Magnetkontakte und Schaltleisten anklemmen, so dass das Gerät universell einsetzbar ist.

19.1 In Alarmanlage einbinden

Man kann den Tür-Fenster-Kontakt in Alarmanlagen einbinden, da ein so genannter Ein-Aufbau-Alarmkontakt über eine Drahtleitung anschließbar ist. So lassen sich beispielsweise mit nur einem Tür-Fenster-Kontakt und mehreren angeschlossenen Alarmkontakten alle Fenster eines Raumes überwachen. Dafür sind alle externen Alarmmelder parallel über unscheinbare Drahtleitungen an die Klemmen des Senders anzuschließen.

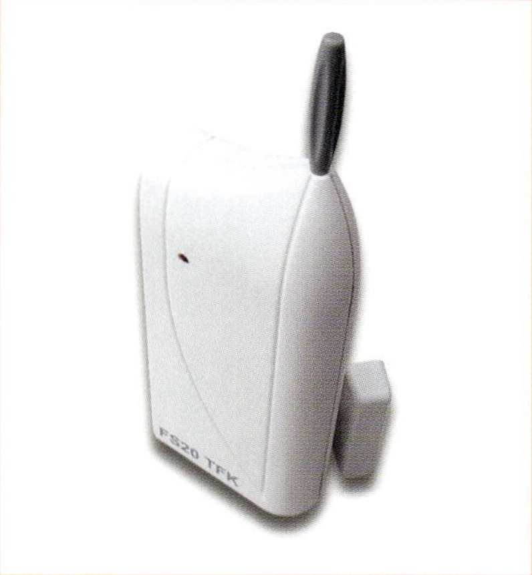

Abb. 19.1 – Der funkbasierte Tür-Fenster-Kontakt überwacht Türen, Fenster oder/und andere Schließkontakte.

Abb. 19.2 – Der Tür-Fenster-Kontakt ist am Fensterrahmen zu befestigen, der zugehörige Magnet am Fensterflügel. So registriert das Gerät jede Bewegung des Fensters.

19.2 Innenleben des Senders

Der Sender des Tür-Fenster-Kontakts besitzt zwei Funkkanäle und ist in einem rund 5,5 x 16,5 x 2,5 cm großen Gehäuse untergebracht. Das Batteriefach nimmt zwei LR3-Microzellen auf und ist wie die Bedientasten auf der Platine befestigt. Hat man das Gerät geöffnet, lässt es sich mit den vier eingebauten Tastern komfortabel programmieren, die mit TA1 bis TA4 beschriftet sind.

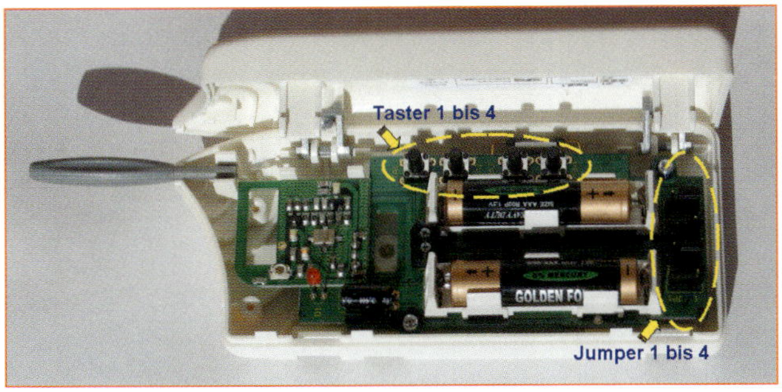

Abb. 19.3 – Klappt man das Gerät auf, hat man Zugang zu den vier Programmiertastern (oben). Die Jumper (rechts) legen den Schaltvorgang beim Öffnen oder Schließen eines Fensters oder einer Tür fest.

Mit Jumpern Funkkanäle konfigurieren

Der Sender besitzt neben den Programmiertasten vier mit JP1 bis JP4 gekennzeichnete Drahtbrücken, mit denen man das Schaltverhalten der beiden Funkkanäle konfigurieren kann – Jumper 1 und 2 sind dabei Kanal 1, Jumper 3 und 4 Kanal 2 zugeordnet. Das Einstellen der Schaltvorgänge ist dabei nicht ganz einfach, obwohl an der Innenseite des Gerätedeckels eine Grafik darüber informiert. Für jeden Kanal sind drei Jumpereinstellungen möglich, die den Schaltvorgang beim Öffnen oder Schließen eines Fensters oder einer Tür steuern. Soll der Jumper 1 Kanal 1 so konfigurieren, dass der Sender beim unbefugten Öffnen des Fensters einen Einschaltbefehl zum Signalgeber überträgt, muss man den Jumper rechts stecken. Da der Signalgeber so Alarm auslöst, kommt der Einschaltbefehl für Alarmmeldungen infrage. Ist der Jumper links gesteckt, überträgt der Sender dagegen beim Öffnen des Fensters auf Kanal 1 ein Ausschaltsignal. Ist kein Jumper gesteckt, wird kein Befehl an den Signalgeber übermittelt. Soll der Sender dagegen auf Kanal 1 ein Steuersignal übertragen, wenn das Fenster geschlossen wird, muss man diesen Funkkanal mit Jumper 2 konfigurieren. Die Schaltvorgänge sind so für jeden der beiden Funkkanäle einzeln einstellbar. In Verbindung mit den Timerfunktionen des Senders oder der gesteuerten Funkschalter ergeben sich viele Verwendungsmöglichkeiten.

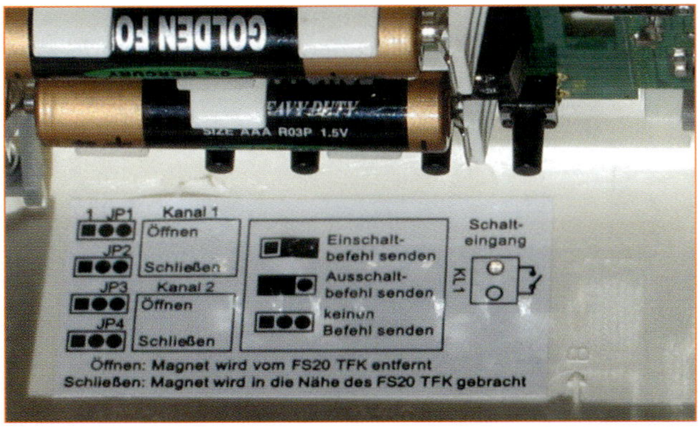

Abb. 19.4 – An der Innenseite des Gehäusedeckels informiert ein Aufkleber über die möglichen Jumpereinstellungen.

19.3 Programmierung fast wie beim Außen-Bewegungsmelder

Hauscodes, Adressgruppe und die Unteradresse sind wie beim Außen-Bewegungsmelder oder beim Regensensor einzugeben. Große Übereinstimmung gibt es auch bei den individuellen Einstellungen. Der Tür-Fenster-Kontakt unterscheidet sich beispielsweise bei der Festlegung der Einschaltdauer von den anderen Geräten nur dadurch, dass man dieses Menü durch 5-sekundiges Drücken der Taste 1 für Kanal 1 startet. Für Kanal 2 ist Taste 3 zuständig. Soll der Tür-Fenster-Kontakt eine Tür oder ein Fenster gegen unberechtigtes Öffnen überwachen, ist eine kurze Einschaltdauer zu empfehlen, da kurze Impulse reichen, um den Signalgeber zu aktivieren.

Einen kleinen Unterschied zum Außen-Bewegungsmelder gibt es auch bei der Einstellung des Sendeintervalls. Er legt fest, wie oft der Sender den Einschaltbefehl in einer bestimmten Zeit an den Signalgeber überträgt, nachdem eine Tür oder ein Fenster unbefugt geöffnet wurde. Ein Beispiel aus der Praxis: Ist ein Sendeintervall von drei Minuten eingestellt, reagiert

Codes für „Einschaltdauer festlegen" und „Sendeabstand festlegen"

Einzugebende Ziffern	Multiplikator und 2. Ziffer	Zeitwert und 4. Ziffer
11	Endlos	0,25 s
12	1	0,5 s
13	2	1 s
14	3	2 s
21	4	4 s
22	5	8 s
23	6	16 s
24	7	32 s
31	8	64 s = 1 Min. 4 s
32	9	128 s = 2 Min. 8 s
33	10	256 s = 4 Min. 16 s
34	11	512 s = 8 Min. 32 s
41	12	1.024 s = 17 Min. 4 s
42	13	1.024 s = 17 Min. 4 s
43	14	1.024 s = 17 Min. 4 s
44	15	1.024 s = 17 Min. 4 s

19.3 Programmierung fast wie beim Außen-Bewegungsmelder

der Tür-Fenster-Kontakt nur auf die erste Türbewegung. Wird die Tür in diesen drei Minuten mehrmals bewegt, überträgt der Sender deshalb keinen weiteren Steuerimpuls an den Signalgeber. Erst nachdem die drei Minuten abgelaufen sind, reagiert der Tür-Fenster-Kontakt auf die nächste Türbewegung. Um diesen Sendeabstand zu programmieren, hält man für Kanal 1 die Taste 2 für fünf Sekunden gedrückt, bei Kanal 2 ist das die Taste 4. Danach ist mit den vier Tasten der vierstellige Code laut Tabelle einzugeben. Der Code ist dabei so zu ermitteln und einzugeben wie unter *Einschaltdauer als Timerfunktion programmieren* beim Außen-Bewegungsmelder beschrieben. Einschaltdauer und Sendeintervall sind zwischen 0,25 Sekunden bis 4,25 Stunden einstellbar.

Neben dem bisher beschriebenen Tür-Fenster-Kontakt, der Funkempfänger wie den Signalgeber schalten kann, gibt es andere Modelle, die für funkbasiertes Heizsysteme infrage kommen.

20 Funk-Hygrostat regelt Raumklima

Der Funk-Hygrostat misst kontinuierlich die relative Luftfeuchtigkeit und eignet sich damit bestens, um das Klima in Innenräumen zu steuern. So kann man einen Raum rechtzeitig lüften oder die Raumluft trockener machen, sobald die Luftfeuchtigkeit zu hoch ist. Das Gerät beugt dadurch Schimmelbildung in Keller- und Lager-Räumen, Waschküchen oder Wäsche-Trocken-Räumen vor. Öffnet das Gerät ein Fenster, kann das ein Signalgeber über Bild und Ton anzeigen.

20.1 Grenzwerte programmieren

Für die Luftfeuchte lassen sich im Funk-Hygrostat Grenzwerte einstellen. Werden diese über- oder unterschritten, überträgt er einen Steuerbefehl an beliebige Funkempfänger, die so Heizungen oder Luftbefeuchter regeln. Wird der obere Grenzwert überschritten, sendet der Funk-Hygrostat ein Einschaltsignal an den Funkschalter. Der Ausschaltbefehl kommt, sobald die Luftfeuchtigkeit den unteren Grenzwert unterschreitet. Um die Schaltbefehle umzukehren, ist für den oberen Grenzwert ein geringerer Wert zu programmieren als für den unteren. Das dürfte der Normalfall sein, weil ein Funkschalter zum Beispiel den Luftbefeuchter nur dann einschalten muss, wenn der untere Grenzwert unterschritten wird – eben dann, wenn die Luft zu trocken ist. Den Funk-Hygrostat sollte man dabei nicht im Badezimmer einsetzen, weil die hohe Luftfeuchtigkeit beim Duschen einen Regelvorgang auslöst.

Die Programmierung erfolgt über drei Taster und ein Stellrad. Mit den Tasten „EIN" und „AUS" kann man das Gerät ein- oder ausschalten. Drückt man für rund drei Sekunden die Taste „PROG", gelangt man ins Untermenü, wo die Grenzwerte einzustellen sind. Zuerst ist mit dem Stellrad der obere Grenzwert für die Luftfeuchtigkeit einzustellen, den das Display links oben anzeigt. Um anschließend in den Einstellmodus für den unteren Grenzwert zu gelangen, den das Display links unten anzeigt, ist kurz die Taste „PROG" zu drücken. Mit einem wiederholten Tastendruck auf „PROG" lässt sich die Programmierung abschließen.

Abb. 20.1 – Das Funk-Hygrostat beugt Schimmelbildung in Badezimmern vor, da für optimale Belüftung gesorgt werden kann.

20.2 Gerät ins Adresssystem einbinden

Das Funk-Hygrostat lässt sich in das beschriebene Adresssystem des Haus-Steuerungs-Systems einbinden. Mit dem Stellrad sind bequem der achtstellige Hauscode sowie die zweistellige Adressgruppe und Unteradresse einzustellen, die das Display anzeigt. Zuerst ist die „PROG"-Taste so lange zu drücken, bis die beiden Luftfeuchtigkeits-Anzeigen links den Hauscode anzeigen, der im Gerät eingestellt ist. Jetzt kann man mit dem Stellrad die ersten vier Ziffern des eigenen Hauscodes eingeben. Die Programmierung erfolgt dabei nicht wie bei anderen Sendern Ziffer für Ziffer, sondern man dreht das Stellrad so lange in eine Richtung, bis das Display links oben den ersten Teil des Hauscodes anzeigt. Nach kurzem Drücken der Taste „PROG" lässt sich so auch der zweite Teil des Hauscodes einstellen, den das Display links unten anzeigt. Jetzt kann man den Einstellmodus durch zweimaliges Drücken der „PROG"-Taste beenden. Drückt man dagegen nur einmal, landet das Gerät im Einstellmodus für Adressgruppe und Unteradresse. Dieser vierstellige Wert lässt sich ebenfalls mit dem Stellrad einstellen, den das Display links unten einblendet.

Der Hygrostat kann in eine beliebige Adresse des Hausfunksystems eingebunden werden – egal, ob Einzeladresse, Funktionsgruppe, lokale oder globale Masteradresse. Wenn er nur ein Klimagerät steuern soll, was meist der Fall ist, ist die Einzeladresse angebracht. Soll der Funk-Hygrostat dagegen das Klima größerer Räume regeln, kann auch eine Funktionsgruppe sinnvoll sein. Masteradressen kommen nicht infrage, weil es keinen Sinn macht, die Lichtanlage eines Hauses wegen der Luftfeuchtigkeit ein- und auszuschalten.

21 Bequeme und drahtlose Markisensteuerung

21 Bequeme und drahtlose Markisensteuerung

Die Markisensteuerung erlaubt das bequeme und drahtlose Steuern von elektrischen Markisenantrieben. Die Bedienung kann über Taster erfolgen, die man direkt am Gerät anschließt, oder per Funk mit einer beliebigen Fernbedienung des Haussteuersystems. Die Markisen lassen sich außerdem automatisch über einen Funktimer ein- und ausfahren. So kann man die Markisensteuerung komfortabel in automatisierte Prozesse des Funk-Haussteuerungs-Systems einbinden und die Markise zum Beispiel ausfahren, wenn die Sonne aufgeht. Mit der im Timer festgelegten Ausschaltzeit fährt sie der Markisenantrieb am Abend automatisch wieder ein. Den Einfahrbefehl kann auch der Regensensor übertragen, indem er bei aufkommendem Regen einen Impuls zur Markisensteuerung sendet. So kann der Antrieb die Markise rechtzeitig einfahren, damit sie nicht unnötig nass wird.

Installation

Nach dem Öffnen des Gehäusedeckels kommen vier Klemmleisten mit je drei Anschlüssen zum Vorschein. Die Kontakte der Klemmleiste 1 auf der linken Seite sind mit „L", „N" und „PE" beschriftet, an die die 230-Volt-Stromversorgung anzuschließen ist. Dadurch erhält nicht nur das Gerät selbst, sondern auch der Markisenmotor Strom. Die Klemmleisten 2 und 3 verbinden das Gerät mit den

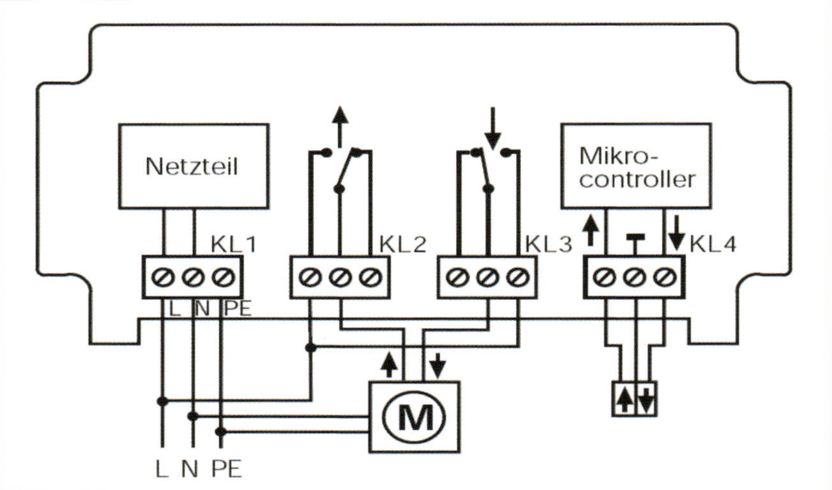

Abb. 21.1 – Verdrahtungsschema der Markisensteuerung.

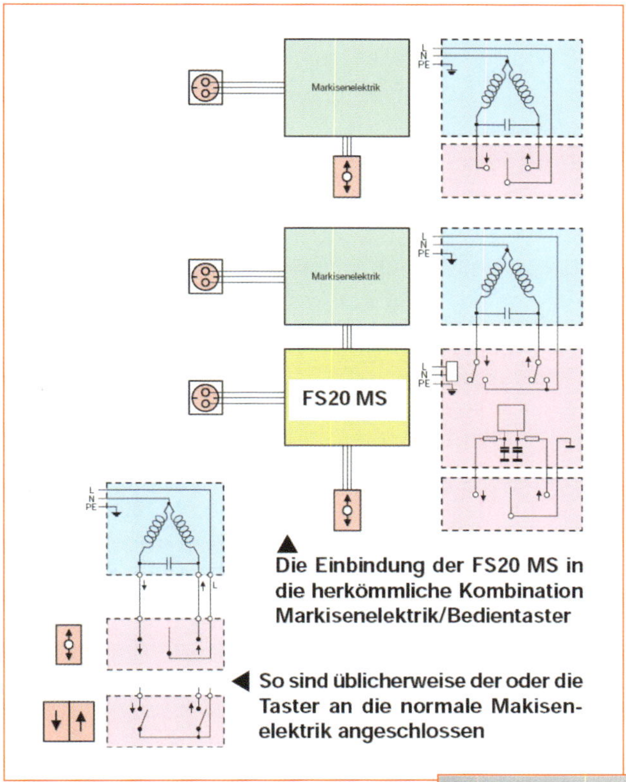

Abb. 21.2 – Die Abbildung zeigt, wie sich die Markisensteuerung in eine übliche Markisenelektronik einbinden lässt.

Steuerleitungen der Markisenelektronik. Dazu muss am Umschaltkontakt in der Mitte von Klemmleiste 2 die Steuerleitung zum Einfahren der Markise anliegen. Am Umschaltkontakt in der Mitte von Klemmleiste 3 muss die Steuerleitung zum Ausfahren der Markise angeschlossen sein. Die Versorgungsleitung „L" der Markisenelektronik ist außerdem mit den Schließerkontakten der Klemmleisten 2 und 3 zu verbinden.

An die Kontakte der Klemmleiste 4 ist ein Auf-Ab-Taster so anzuschließen, dass der linke Kontakt den Einfahrbefehl und der rechte den Ausfahrbefehl für die Markise ausgibt. Man braucht den Taster außerdem, um später die Markisensteuerung zu programmieren. Den mittleren Kontakt der Klemmleiste 4 verbindet man mit beiden Tastern oder mit dem Wechselkontakt eines Doppeltasters.

Adresse programmieren

Man gelangt in den Programmierbetrieb, indem man die angeschlossene Einfahr-Taste der Markisensteue-

Abb. 21.3 – Die Markisensteuerung hat im Inneren vier Klemmleisten. Zwei sind für das Aus- und Einfahren der Markisen, je eine weitere für die Stromversorgung und den Anschluss der Taster vorgesehen.

rung für mindestens fünf Sekunden drückt. Der Programmiermodus ist so für eine Minute aktiv, sobald die Markise ausgefahren wird. Drückt man jetzt auf der Fernbedienung eine Taste des gewünschten Funkkanals, speichert das Gerät den Empfangskanal und fährt die Markise ein. Die Programmierung der Adresse ist damit abgeschlossen.

Markise mit Fernbedienung steuern

Durch kurzes Drücken der rechten Taste einer Fernbedienung lässt sich die Markise einfahren, ein Druck auf die linke Taste fährt sie wieder aus. Man kann dabei die Markise an beliebiger Stelle anhalten, indem man dieselbe Taste noch einmal drückt.

Timerfunktionen

Der Timer der Markisensteuerung fährt die Markise mit einem kurzen Tastendruck ganz aus oder ein. Im Auslieferungszustand ist die Zeitdauer für das Ein- und Ausfahren auf eine Minute eingestellt. Sollte das nicht reichen oder möchte man die Markise nur zum Teil ausfahren, lässt sich diese Zeitdauer auf beliebige Werte zwischen einer Sekunde und 4,25 Stunden ändern. Dazu ist die an der Markisensteuerung angeschlossene Taste für das Ausfahren für mindestens fünf Sekunden zu drücken. Sobald die Markise eingefahren wird, misst der Timer die Zeit. Drückt man die Taste noch einmal, beendet der Timer die Zeitmessung, und die Markise wird wieder ausgefahren. Alle programmierten Daten bleiben dabei dauerhaft gespeichert.

Der Timer lässt sich nicht nur am Gerät selbst, sondern alternativ auch über die Fernbedienung einstellen. Dazu sind beide Tasten des Funkkanals, den man der Markisensteuerung zugeordnet hat, für eine bis maximal fünf Sekunden gleichzeitig zu drücken. Sobald die Markise eingefahren wird, misst der Timer wieder die Zeit. Drückt man dabei kurz die Ein-Taste der Fernbedienung, verwendet der Timer die programmierte Zeit nur zum Einfahren der Markise. Mit der Aus-Taste der Fernbedienung kann man so auch die Ausfahrzeit festlegen. Durch nochmaliges gleichzeitiges Drücken beider Tasten für eine bis maximal fünf Sekunden beendet der Timer die Zeitmessung, und die Markise wird ausgefahren.

22 Telefon-Funk-Fernsteuerung schaltet aus der Ferne

Die Telefon-Funk-Fernsteuerung erlaubt, aus der Ferne über das Handy oder ein Festnetztelefon unterschiedlichste Funkschalter des Haus-Steuerungs-Systems zu bedienen. Kommt man zeitiger nach Hause, lässt sich so früher die Heizung einschalten. Das Gerät besitzt zehn programmierbare Kanäle, die bis zu zehn Funkempfänger aller Art ansprechen können.

22.1 Installation

Sie ist wie die Programmierung überraschend einfach. Zum Einlegen der drei Mignonbatterien ist zunächst das Gehäuse der Telefon-Fernsteuerung zu öffnen. Betrachtet man die Platine, entdeckt man weder Taster, Jumper noch eine Leuchtdiode. Um das Gerät trotzdem programmieren zu können, ist es über die eingebaute Western-Buchse mit der Telefonleitung zu verbinden. Für den Betrieb des Telefonsenders ist ein freier analoger Telefonanschluss, ein freier analoger Port an einer Telefonanlage oder ein automatischer Telefon-Wechsel-Schalter erforderlich. Die Telefon-Fernsteuerung verhält sich dabei wie ein normales Telefon und das bedeutet: Ruft man sie an, ist das Freizeichen zu hören, bis sie schließlich „den Hörer abhebt".

Abb. 22.1 – Über die Funk-Telefonsteuerung lassen sich über das Handy beliebige Schaltbefehle ausführen.

22.2 Programmierung

Man programmiert und bedient den Telefonsender mit den Zahlentasten eines mehrfrequenzfähigen Telefons (MFV). Man erkennt das MFV, wenn man beim Wählen einer Nummer verschiedene hohe Töne hört. Dieses Wählverfahren ist seit vielen Jahren allgemeiner Standard. Alternativ kann man auch einen DTMF-Geber verwenden. Seinen kleinen Lautsprecher hält man dazu an das Hörermikrofon und gibt über die Zahlentasten die Befehle ein.

Sobald die Batterien eingelegt sind, schaltet das Gerät automatisch in den Programmierbetrieb. Um alles einstellen zu können, muss man die Telefon-Fernsteuerung vorher von einem anderen Telefon anrufen. Zuvor ist es allerdings ratsam, alle Programmierschritte zu studieren und sich dabei Notizen zu machen. Da man den Telefonsender im Haus neben vielen anderen Sendern des Hausfunksystems betreibt, ist die korrekte Zuordnung der Adressen besonders wichtig. Da er meist nur als zusätzliches Steuerinstrument dient, braucht er den Hauscode, den auch die zu schaltenden Funkempfänger des Haussteuersystems verwenden. Neben dem Hauscode braucht man außerdem Adressgruppe und Unteradresse aller Funkschalter, die der Telefonsender steuern soll. Hat man diese nicht schon bei der Programmierung notiert, entpuppt sich das Diagnosetool als unentbehrliches Hilfsmittel. Es wertet die Steuersignale der Sender aus und zeigt so auf seinem zweizeiligen Display Hauscode, Adressgruppe und Unteradresse an. Um die Adressen eines Funkschalters zu ermitteln, braucht man nur die betreffende Kanaltaste des Senders zu drücken, der diesem Gerät zugeordnet ist. Das Diagnosetool ermittelt so die Daten, die man sich notiert. In unserem Beispiel ist das Hauscode 12121212, die Adressgruppe 21 und die Unteradresse 11.

Den Programmiercode festlegen

Der Programmiercode besteht aus Zahlen und Zahlengruppen. Um die Zusammenhänge besser zu verstehen, betrachten wir schon jetzt einen fertigen Code, so wie er über das Telefon einzugeben ist: „*1*1234*12121212*21*12111*". Hat man die Telefon-Fernsteuerung angerufen, kann man das Gerät mit einem Tastendruck auf die Sterntaste des Haustelefons oder des Handys programmieren. Damit die Zusammensetzung des Codes durchschaubarer wird, ist jeder eingegebene Zahlenblock mit einem Sternchen * abzuschließen. Der Beginn des Codes stellt die so genannte Annahmeverzögerung ein, die festlegt, wie oft das Klingelzeichen ertönt, bevor sich die Telefon-Funk-Fernsteuerung meldet. Dabei kann man bis zu 15 Klingelzeichen einstellen. Programmiert man „0" oder gar keine Zahl, meldet sich der Telefonsender sofort. Bei unserem Code ist „1" für einmal Läuten eingestellt. Im nächsten Schritt kann man eine achtstellige Geheimzahl programmieren, die an der zweiten Stelle des Programmiercodes steht. Wird später der Telefonsender angerufen, führt er Schaltbefehle nur aus, nachdem man ihn vorher mit der Geheimzahl freigeschaltet hat. Bei unserem Beispiel haben wir uns für die Geheimzahl „1234" entschieden. Ob mit oder ohne Geheimzahl, die nächste, im Beispielcode dritte Zahlengruppe ist der Hauscode. Als nächstes ist die zweistellige Adressgruppe einzugeben, in unserem Beispiel heißt sie „21".

Der Telefonsender kann bis zu zehn verschiedene Funkschalter steuern, die unterschiedlichen Adressgruppen angehören können. Deshalb besteht die letzte einzugebende Zahlengruppe aus fünf Stellen. Die erste Ziffer legt den Funkkanal von 0 bis 9 fest. Bei unserem Beispiel wird Kanal „1" geschaltet. Danach

22.2 Programmierung

folgt die Adressgruppe, der ein Funkschalter angehört. In unserem Beispiel steht für die Adressgruppe die Zahl „21"und für die Unteradresse eine „11". Die Eingabe ist mit der Sterntaste des Telefons abzuschließen.

Programmiercode in der Praxis eingeben

Nach der ersten Inbetriebnahme ist der Telefonsender bereits im Programmierbetrieb angelangt. Nachdem man ihn von einem anderen Telefon angerufen hat, meldet er sich mit einem kurzen, hohen Signal-Ton. Beim Programmieren des Codes muss man sich sputen, weil der Sender die Verbindung unterbricht, wenn innerhalb von zehn Sekunden keine Eingabe erfolgt. Nach Eingabe jeder Zahlengruppe ertönt dabei ein kurzer Ton, auf den man aber nicht zu hören braucht, weil sich der Programmiercode auch in einem Stück eintippen lässt. Kommt es während der Programmierung zu einer Fehleingabe, macht das Gerät mit zwei lauten, langen Tönen darauf aufmerksam. Ist die Fehleingabe korrigiert, sind die folgenden Zahlengruppen wie gehabt zu programmieren. Kommt man damit nicht klar, setzt man das Gerät zurück, indem man die Batterien für rund eine Minute herausnimmt. Danach ist die Programmierung durch einen neuen Anruf erneut zu beginnen. Da der Telefonsender keinen Speicher besitzt, der die programmierten Daten auch während eines Batteriewechsels behält, ist das Gerät nach jedem Batteriewechsel neu einzustellen. Hat man die Eingabe beendet, braucht man nur noch die Rautetaste # zu drücken oder beendet das Telefonat durch Auflegen.

Mehrere Funkkanäle programmieren

Man kann bei der Telefon-Funk-Fernsteuerung bis zu zehn Kanäle programmieren, die so bis zu zehn Funkschalter mit Steuerbefehlen versorgen können. Unser erster Funkschalter besitzt die Adresse 12121212 21 11. Ihn haben wir bereits Kanal 1 zugewiesen, so dass er den Programmiercode *1*1234*12121212*21*12111* besitzt. Nun wollen wir einen zweiten Funkempfänger mit der Adressgruppe 43 und der Unteradresse 34 programmieren. Da er auf Kanal 2 Steuerbefehle empfangen soll, besitzt er den Programmiercode *1*1234*12121212*43*24334*. So ist dieser einzugeben, wenn man allein Kanal 2 programmieren möchte. Wir wollen ihn jedoch zusätzlich zu unserem ersten Kanal 1 speichern und betreiben. Da sich die beiden Funkkanäle nur gemeinsam programmieren lassen, setzt sich der Programmiercode für beide Funkkanäle aus dem Gesamtcode des ersten und der letzten Zahlengruppe des zweiten Kanals zusammen. So verlängert sich der einzugebende Programmiercode für beide Kanäle um eine Zahlengruppe. Der Zahlenblock für den zweiten Funkkanal ist in unserem Beispielcode fett gedruckt: *1*1234*12121212*21*12111***24334***. Weitere Kanäle programmiert man auf dieselbe Art und Weise, indem jeweils die letzte Zahlengruppe für jeden Funkkanal an den Programmiercode anhängt.

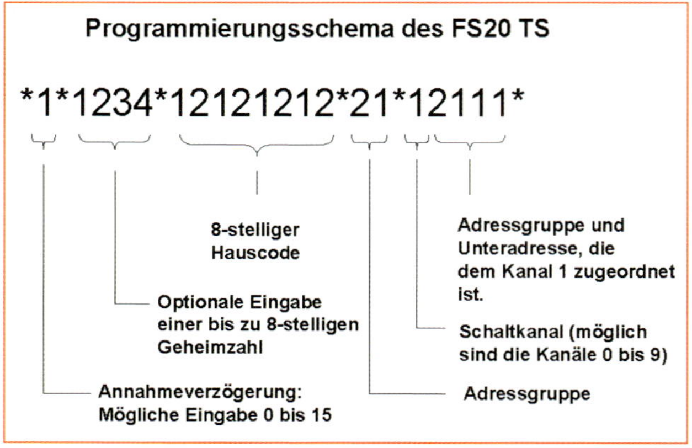

Abb. 22.2 – Programmierungsschema des Telefonsenders: Alle Programmierschritte sind über ein Telefon vorzunehmen, mit dem man das Gerät vorher anruft. Alle Eingaben erfolgen über die Zahlentasten des Telefons.

22.2 Programmierung

Der Telefonsender in Aktion

Ruft man den Telefonsender an, meldet er sich wie gehabt mit einem kurzen, hohen Pfeifton. Mit der Sterntaste des Telefons startet man jetzt den Eingabemodus. Bei unserem Beispielcode ist dabei folgende Kombination aus Sternen und Zahlen einzugeben: *1234*11*, und danach legt man auf. Die Zahlengruppe „1234" ist die von uns festgelegte Geheimzahl. Die folgende „11" besitzt zwei Informationen: Die erste 1 steht für den Funkkanal, die zweite 1 dafür, dass der zu steuernde Funkempfänger einzuschalten ist. Die zweite Stelle der zweiten Zahlengruppe legt fest, ob das zu steuernde Gerät ein- (1) oder ausgeschaltet (0) werden soll. Möchten wir unseren zweiten programmierten Funkschalter über Kanal 2 steuern, muss hinter der Geheimzahl zuerst eine 2 stehen.

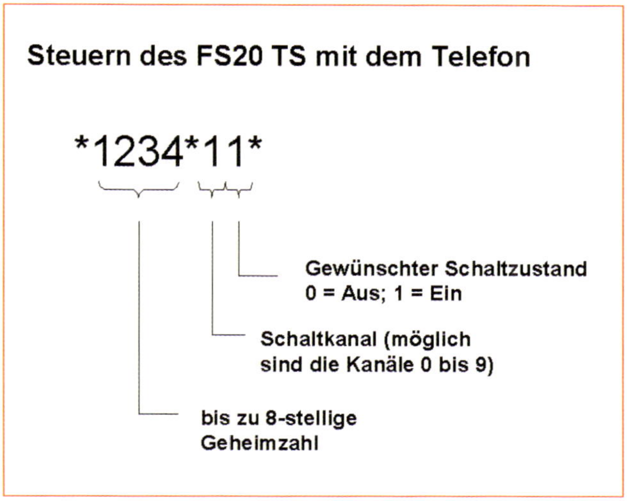

Abb. 22.3 – Beispiel eines Schaltbefehls, so wie ihn das Telefon an die Funk-Telefon-Steuerung übermitteln kann.

22.3 Reichweite des Senders

Die Telefon-Funk-Fernsteuerung besitzt wie die meisten Sender des Haus-Steuerungs-Systems eine Reichweite von bis zu 100 m bei freier Sicht. Innerhalb eines Hauses ist die überbrückbare Entfernung geringer. Da der Sender meist zentral im Haus bei einer Telefonanlage oder Telefonsteckdose angeschlossen ist, muss man im Zweifel ausprobieren, ob er tatsächlich alle vorgesehenen Funkschalter erreicht.

22.4 Nutzung kostet Geld

Mit dem Handy kann man zwar über die Telefon-Funk-Fernsteuerung alle möglichen Funkempfänger des Haussteuersystems bequem schalten. Das kostet aber Geld, weil jedes Mal ein Anruf vom Mobiltelefon ins Festnetz erforderlich ist. Jedes geöffnete Garagentor lässt so die Kasse bei der Telefongesellschaft klingeln. Der Telefonsender ist dagegen sinnvoll, wenn man die Heizung einmal früher einschalten oder elektrisch betriebene Dachluken wegen plötzlichen Regens schließen möchte, weil man noch unterwegs ist. Im letzten Fall ist der Funk-Regen-Sensor eine kostengünstige Alternative.

23 Funk-Haus-Zentrale automatisiert sämtliche Abläufe

Die Funk-Haus-Zentrale ist quasi das Herz der gesamten Haussteuerung. Sie steuert alle automatisierten Abläufe innerhalb des Haussteuersystems: Sie regelt, schaltet, signalisiert oder warnt und kann so alle nur erdenklichen Funktionen ausführen. Egal, ob Beleuchtung, Heizung, Klima oder Alarmmeldungen bei Funktionsstörungen, die Funk-Haus-Zentrale regelt alles. Sie steuert nicht nur die Raumregler der Funkheizung, sondern auch alle Funkschalter des Haus-Steuerungs-Systems. Für jeden einzelnen Funkempfänger oder ganze Gruppen können Schaltzeiten programmiert und mehrere Kommandos zu so genannten Makros zusammengefasst werden, so dass ganze Abläufe automatisierbar sind.

23.1 Beispiele aus der Praxis

Welche Prozesse die Funk-Haus-Zentrale automatisieren kann, zeigen Beispiele aus der Praxis. Man kann sich morgens durch den Signalgeber mit seiner Lieblingsmelodie vom PC wecken lassen. Gleichzeitig fahren die Rollläden automatisch hoch, und die Heizung hat schon rechtzeitig das Bad geheizt. Hat man geduscht, steht in der Küche schon frischer Kaffee bereit. Das alles und viel mehr regelt die Funk-Haus-Zentrale voll automatisch. Beim Verlassen des Hauses genügt ein Tastendruck, um die Heizung abzusenken und alle Geräte und Lampen auszuschalten. Gleichzeitig kann das Gerät die Anwesenheit von Personen simulieren und so ungebetene Besucher abhalten. Wenn man am Abend zurückkehrt, hat die funkbasierte Kommandozentrale bereits geheizt und das Außenlicht eingeschaltet.

Kostenbewusst heizen heißt, dass die Temperatur bei Abwesenheit abgesenkt ist. Was aber, wenn man früher nach Hause kommt als geplant? Kein Problem: Ist die Funk-Haus-Zentrale mit einem speziellen Telefon-Wähler ausgestattet, kann man sie jederzeit „anrufen" und den gewünschten Einschaltbefehl für die Heizung mit der Telefontastatur eintippen. Für die zentrale Steuerung der Heizung stehen dabei bis zu 15 Thermostate mit je acht ansteuerbaren Funk-Ventil-Antrieben zur Verfügung, die sich leicht am Heizkörper montieren lassen. Man kann außerdem Heizprogramme programmieren.

An die Funkzentrale lassen sich auch die Komponenten eines Gefahrmeldesystems anbinden. Hierzu gehören Funk-Rauchmelder oder Wasser-, Feuchtigkeits-, Gas- und Temperatur-Sensoren. Beim Auslösen eines Sensors sind Alarmmeldungen an die Zentrale selbst oder an ein beliebiges Telefon möglich.

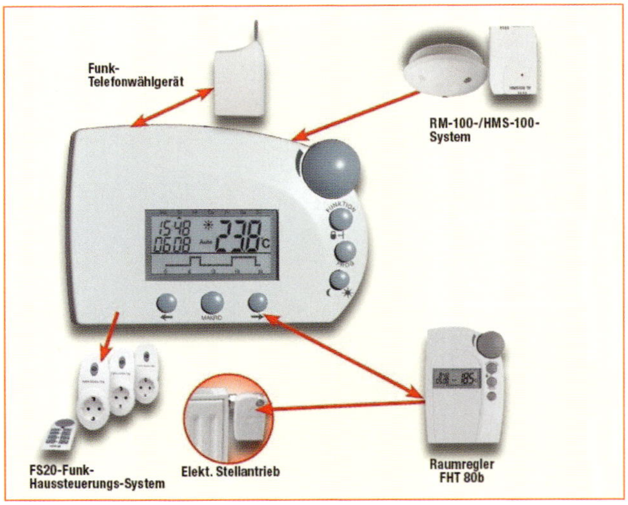

Abb. 23.1 – Die Funk-Haus-Zentrale verknüpft unterschiedlichste Funktionen miteinander und automatisiert so unterschiedlichste Prozesse.

23.2 Programmieren

Die funkbasierte Kommandozentrale hat den Vorteil, dass man sie ohne PC programmieren kann. Sie steuert einzeln bis 15 Funkkomponenten oder Komponentengruppen. Die integrierte Makrofunktion erlaubt das Anlegen von bis zu vier Makros. Das sind Programme, die beim Starten selbsttätig ablaufen und so unterschiedlichste Funktionen miteinander verknüpfen und automatisieren. Werden beispielsweise Rollladen- und Licht-Steuerung miteinander verknüpft, schaltet sich die Außenbeleuchtung automatisch ein, nachdem die Rollläden nach Einbruch der Dämmerung heruntergelassen wurden.

Die Funk-Haus-Zentrale lässt sehr umfangreiche Funktionen zu, die entsprechend zu programmieren sind. Es sprengt den Rahmen dieses Buches, alle Einstelloptionen Schritt für Schritt vorzustellen. Deshalb beschränken wir uns auf einige wichtige Punkte.

Hauscodes einstellen

Für den Betrieb der Funk-Haus-Zentrale ist ein durchdachtes Adresssystem erforderlich. Ein gemeinsamer Hauscode ist die Voraussetzung, um einzelne Funkschalter mit mehreren Sendern steuern zu können. Man kann so zum Beispiel eine Rollladensteuerung wahlweise über einen Funk-Aufputz-Schalter, eine Fernbedienung, einen Funktimer und selbstverständlich über die Kommandozentrale selbst steuern. Das funktioniert nur, wenn alle Sender mit dem gleichen Hauscode arbeiten, der in der Funkzentrale leicht einstellbar ist. Besonders praktisch: Wurden die Aktionen ausgeführt, bestätigt das große Display des Geräts die ausgeführten Schaltbefehle mit einem Text.

Um den Hauscode bei der Funkzentrale zu programmieren, ist die rechte Pfeiltaste zu drücken, um anschließend mit dem Stellrad *Sonderfkt.* auszuwählen. Nachdem man die rechte Pfeiltaste noch einmal gedrückt hat, ist *Schalter* auszuwählen. Durch einen weiteren Tastendruck auf den rechten Pfeil gelangt man ins nächste Untermenü, in dem *Hauscode* auszuwählen ist. Nach nochmaligem Drücken der rechten Pfeiltaste blendet das Display die ersten vier Stellen des Hauscodes ein. Man dreht jetzt das Stellrad, bis die vier Zahlen den gewünschten Wert ergeben. Der erste Teil des Codes wird durch einmaliges Drücken der Taste

23.2 Programmieren

„MAKRO/OK" übernommen. Gleichzeitig fordert die Anzeige zur Eingabe des zweiten Teils des Hauscodes auf. Die Programmierung des Hauscodes lässt sich abschließen, indem man zweimal die „MAKRO/OK"-Taste drückt. Durch einen 3-maligen Tastendruck auf den linken Pfeil verlässt man die Menüoberfläche.

Adresssystem

Das beschriebene Adresssystem erlaubt die Vergabe von 256 unterschiedlichen Adressen, die sich in eine globale und 15 lokale Masteradressen, 15 Funktionsgruppen und 225 Einzeladressen aufteilen. Da die Funkzentrale nicht nur ein einfacher Sender ist, kann man Adressgruppe und Unteradresse nicht pauschal eingeben. Sie muss man dagegen jedem zu steuernden Funkempfänger gesondert zuordnen.

Neue Schaltkomponenten mit Adresse einbinden

Möchte man mit der Haus-Funk-Zentrale zusätzliche Funkempfänger steuern, sind zunächst deren Adressen einzugeben. Dazu ist die rechte Pfeiltaste am Gerät zu drücken und anschließend mit dem Stellrad *Sonderfkt.* auszuwählen. Drückt man die rechte Pfeiltaste wiederholt, ist *Schalter* auszuwählen. Ein weiterer Tastendruck auf den rechten Pfeil bahnt den Weg ins nächste Untermenü, wo *hinzufügen* auszuwählen ist. Drückt man ein weiteres Mal die rechte Pfeiltaste, gelangt man ins Eingabemenü für die zweistellige Adressgruppe, die mit dem Stellrad änderbar ist. Möchte man beispielsweise eine Funksteckdose schalten, die bereits andere Sender steuern, sind in die Funkzentrale die für diesen Empfänger zugeordnete Adressgruppe und Unteradresse einzustellen. Nach Eingeben der Adressgruppe ist die „MAKRO/OK"-Taste der Funkzentrale zu drücken, wodurch das Gerät in den Eingabemodus für das Untermenü wechselt. Hier gibt man wieder mit dem Stellrad die Unteradresse des Funkschalters ein. Drückt man noch einmal die „MAKRO/OK"-Taste, erscheint im Display *Audio*. Mit dem Stellrad kann man nun eine der bereits vorprogrammierten Bezeichnungen wie „Küche", „Wohnzimmer" oder etwa „Lampe" auswählen, die dem eben programmierten Funkschalter zugewiesen wird. Alternativ lassen sich auch individuelle Bezeichnungen eintippen. Der Programmiervorgang ist mit einem Tastendruck auf „MAKRO/OK" abzuschließen.

Empfänger der Funk-Haus-Zentrale zuordnen

Nachdem man die Funkschalt-Komponenten in der Funk-Haus-Zentrale mit den richtigen Adressen angelegt hat, sind die so generierten Kanäle den einzelnen Empfängern zuzuordnen. Das ist Voraussetzung, damit die Steuerzentrale des Hauses überhaupt welche schalten kann. Dazu versetzt man den zu steuernden Funkempfänger in den Programmierbetrieb. Das kann eine Funksteckdose, ein Steckdosendimmer, ein funkgesteuerter Einbaudimmer oder ein Signalgeber sein. Handelt es sich um eine Funksteckdose, drückt man die Gerätetaste für 15 Sekunden. An der Funkzentrale ist danach die rechte Pfeiltaste einmal zu drücken und mit dem Stellrad das programmierte Gerät auszuwählen. Anschließend drückt man wieder die rechte Pfeiltaste. Um die Funkzentrale zwischen und Tag- und Nacht-Betrieb umzuschalten, ist die mit einem Mond und

23.2 Programmieren

Abb. 23.2 – Der Funk-Ventilantrieb besitzt die gleichen Anschlüsse wie herkömmliche Ventile …

Abb. 23.3 – … und lässt sich leicht an jedem Heizkörper montieren.

einer Sonne markierte Taste einmal zu drücken. Mit dem Stellrad lässt sich jetzt der Schaltzustand ändern, den das Display anzeigt. Zum Aussenden des Steuerbefehls drückt man die „MAKRO/OK"-Taste der Funkzentrale, und der Funkschalter ist ihr zugeordnet. So ist auch bei allen anderen Funkkomponenten vorzugehen.

Heizungen regeln

Zu den interessantesten Funktionen der Funk-Haus-Zentrale zählt die Heizungssteuerung. Sie ist umfangreich einsetzbar und erlaubt, Heizkosten zu sparen. Man unterscheidet dabei drei Betriebsarten. Im Automatikbetrieb regelt die Steuerzentrale die Raumtemperatur nach dem eingestellten Wochentagsprogramm. Der Temperaturverlauf für den aktuellen Wochentag zeigt dabei das Display mit einer Kurve. Ein Sonnen- oder Mond-Symbol signalisieren, ob gerade die abgesenkte oder die komfortable Raumtemperatur eingeschaltet ist. Möchte man die Temperatur vorübergehend ändern, dreht man am Stellrad der Funkzentrale, die trotzdem beim nächsten programmierten Temperaturwechsel zum Automatikbetrieb zurückkehrt. Im manuellen Betrieb dagegen bleibt der Regler dauerhaft

23.2 Programmieren

auf der eingestellten Raumtemperatur, eine zeitgesteuerte Temperaturanpassung erfolgt nicht. Im Urlaubs-Party-Modus bleibt die Temperatur nur für einen festgelegten Zeitraum konstant, danach wechselt der Raumregler automatisch in den Automatikbetrieb. Eine komfortable Raumtemperatur am Tag und eine abgesenkte bei Nacht lassen sich individuell einstellen. Die Zeitsteuerung zwischen beiden Temperaturen ist dabei für jeden Wochentag gesondert programmierbar. Das folgende Kapitel beschreibt ein funkbasiertes Heizsystem, das die Funk-Haus-Zentrale steuern kann.

Abb. 23.4 – Nun ist nur noch die Heizkennlinie dieses Ventils mit der Funk-Haus-Zentrale festzulegen, und der automatisch geregelten Wohnraumtemperatur steht nichts mehr im Wege.

24 Funkbasiertes Heizsystem erlaubt mehr als heizen

Bei funkbasierten Heizsystemen hat man die Wahl zwischen zwei unterschiedlichen Typen. Das komfortablere ist das so genannte FHT 80b-System, da es mit einem einfachen Bedienkonzept und vielen Funktionen besticht. Das Heizsystem kann außerdem mit der Funk-Haus-Zentrale kommunizieren und lässt so eine zentrale Funksteuerung zu. Mehr noch: Über die Funkzentrale ist das Heizsystem voll mit dem FS20-Haus-Steuerungs-System kompatibel. Die Funkzentrale regelt dabei nicht nur die Heizungen, sondern senkt auch Raumtemperaturen zeitlich gesteuert ab. Sie kann beliebige Funkempfänger steuern und erlaubt, verknüpfte Abläufe auszuführen. Hat man die entsprechenden Makros gesetzt, kann man so beispielsweise ein Zimmer lüften und zugleich die Heiztemperatur absenken.

24 Funkbasiertes Heizsystem erlaubt mehr als heizen

Funkheizung spart Geld

Die Komponenten des Funkheizsystems garantieren höchste Energieeffizienz und entlasten so den eigenen Geldbeutel. Zu ihnen zählen das Thermostat, der Funk-Ventilantrieb und der Tür-Fenster-Melder, der wie der bereits beschriebene Tür-Fenster-Kontakt funktioniert. Das Thermostat kann die Signale von bis zu vier Funk-Tür-Fenster-Meldern auswerten und so beim Lüften die Heiztemperatur absenken. Nach dem Schließen des Fensters stellt er wieder den vorherigen Soll-Temperatur-Wert ein. Mit dem Thermostat kann man zusammen mit der Funk-Haus-Zentrale bis zu 15 weitere Räume in das System einbinden. Natürlich lässt sich die Funkheizung auch ohne die Zentrale als unabhängiger einzelner Raumregler betreiben.

Die Funkheizung ist als drahtlose Einzelraum-Heizsteuerung angelegt, mit der man bis zu acht Heizkörper in einem Raum regeln kann. Durch die Einbindung in das bidirektionale Steuersystem der Funk-Haus-Zentrale kann man mit der Anlage die Heizung im gesamten Haus auf Funkbasis regeln. Durch eine optimale Verknüpfung der Komponenten spart man dabei bis zu 30 Prozent Heizkosten.

Kleiner Bruder

Die beschriebene Funkheizung besitzt mit dem Modell FHT 8 einen kleinen Bruder, dessen Thermostat und Funk-Ventil-Antriebe autark zusammenarbeiten. Das Thermostat kann dabei bis zu acht Ventilantriebe steuern. Weder die Funk-Haus-Zentrale noch die Komponenten des großen Bruders lassen sich in dieses funkbasierte Heizsystem einbinden.

25 Mit PC-Funk-Interface zentral steuern und viele Funktionen verknüpfen

Das PC-Funk-Interface erweitert das funkbasierte Haus-Steuerungs-System zusammen mit einem Haus- und Gefahr-Meldesystem und dem Funkheizsystem zu einer umfassenden automatisch arbeitenden Anlage, die sich zentral am Rechner steuern lässt. Die Funkschnittstelle ermöglicht zwischen diesen einzelnen Systemen, die Kommunikation und unterschiedlichste Funktionen nahezu beliebig zu verknüpfen.

Haussteuerungen gibt es in verschiedenen Ausführungen. Einige sind funkbasiert, andere brauchen Kabel. Da sie viele Funktionen zulassen, besteht die Gefahr, dass man sie nur zu einem Bruchteil nutzt, obwohl man das vielleicht gar nicht möchte. Außerdem stellt sich die Frage, welche Funktionen das Funksteuersystem beherrschen soll. Da man beim Kauf oft noch nicht weiß, was man alles steuern möchte, besteht die Gefahr, schnell an die Grenzen des Haussteuersystems zu stoßen. Das kann mit dem PC-Funk-Interface nicht passieren.

25.1 Funkschnittstelle generiert automatisch arbeitende Kommandozentrale

Entscheidet man sich für die Komponenten des funkbasierten Haus-Steuerungs-Systems FS20, für die Funk-Haus-Zentrale oder für das funkbasierte Heizsystem FHT80b, kann man deren Funktionen mit der Funkschnittstelle beliebig erweitern. Startet man etwa mit einigen Funksteckdosen und einer Fernbedienung, muss man die Fernsteuerung des PCs noch gar nicht ins Auge gefasst haben. Sollte sich das später ändern, ist das mit dem PC-Funk-Interface kein Problem. Hat man das funkbasierte Haus-Steuerungs-System mit der Zeit um Bewegungs- und Signalmelder, Funkdimmer, Funktimer oder Komponenten des Hutschienensystems erweitert, lassen sich beachtliche Steuerungsfunktionen ausführen. Die Möglichkeit, unterschiedliche Funktionen zu verknüpfen und komplexe Abläufe zu programmieren, ist jedoch begrenzt. Erweitert man das Haussteuersystem dagegen um die PC-Funk-Schnittstelle, kann man alle bereits vorhandenen Komponenten bequem zentral programmieren, steuern, überwachen und Funktionen verknüpfen. Das gilt auch für Komponenten, die man sich erst später kauft. Damit lässt sich ein individuelles, äußerst komplexes PC-gestütztes Haus-Steuerungs-System aufbauen, ohne die Brieftasche strapazieren zu müssen. Die Anlage kann so langsam und geldbeutelschonend wachsen.

Die gesamte PC-Steuerung besteht aus einem kleinen Funkinterface, das per USB-Kabel an den Rechner anzuschließen ist. Die erforderliche Software wird auf CD-Rom mitgeliefert und ist auch für den Computerlaien leicht zu installieren. An den Rechner werden dabei keine besonderen Anforderungen gestellt. Äußerst wichtig sind Betriebsstabilität und Systemsicherheit des PCs, da er rund um die Uhr wie ein Server zuverlässig arbeiten muss. Das ist Voraussetzung, um alle automatisierten Vorgänge zuverlässig auszuführen. Man sollte deshalb für die Haussteuerung einen separaten Rechner verwenden und diesen nicht für andere Dinge wie die tägliche Büroarbeit nutzen.

Abb. 25.1 – Das PC-Funk-Interface schließt man mit einem USB-Kabel an den Computer an.

25.2 Programmierung

Die Software basiert auf einer einfach zu durchschauenden Bedienoberfläche und fasst sämtliche Programmierungen in einer Datei zusammen, die sich *Projekte* nennt. Um ein neues Projekt anzulegen, wählt man in der Programm-Menüleiste *Projekt* und dort *Neu*, so dass sich ein kleines Fenster öffnet, das zur Eingabe eines Projektnamens auffordert. Dieser muss ein zusammenhängender Name mit oder ohne Zahl sein, da die Software Sonder- und Leer-Zeichen nicht unterstützt. Infrage kommt zum Beispiel „HaussteuerungSommer".

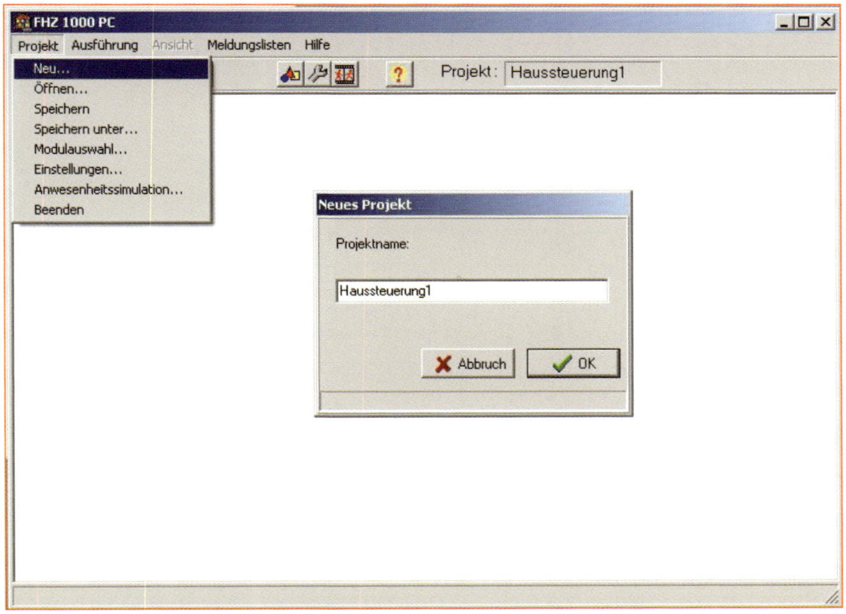

Abb. 25.2 – Zuerst ist ein neues Projekt anzulegen, das wir „Haussteuerung1" nennen. Darin legen wir in Folge alle Schaltbefehle und unterschiedliche, miteinander verknüpfte Funktionen ab.

Welche Geräte soll das Funkinterface steuern?

Alle Geräte, die das PC-Interface steuern soll, sind zuerst bei *Projekt* und dort bei *Modulauswahl* aus der linken Spalte des nun geöffneten Untermenüs auszuwählen. Das können unterschiedlichste Funkschalter, Fernbedienungen und andere Sender sein, die mit dem roten Pfeil-Button zwischen den Listen *Modulauswahl* (links) und *verwendete Module* (rechts) zu übernehmen sind. Dabei kann man in einem kleinen Fenster die Bezeichnung des gerade ausgewählten Standardmoduls ändern. Zu empfehlen sind individuelle Namen, die die Funktion und den Standort des

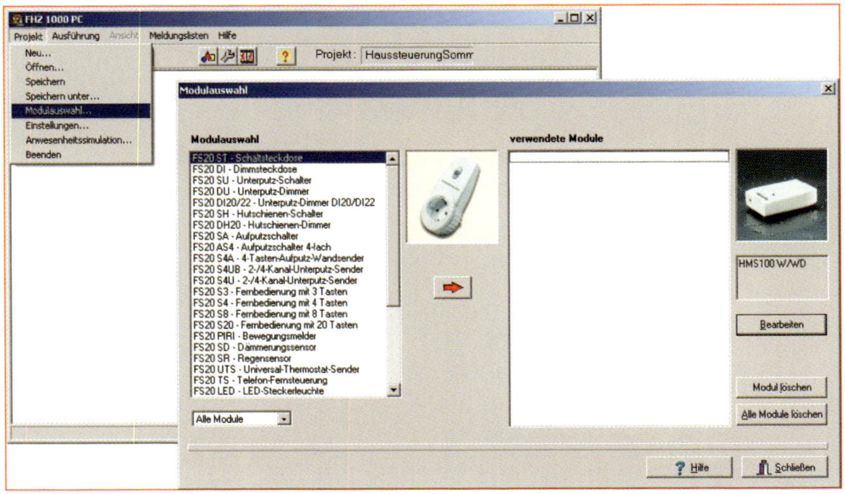

Abb. 25.3 – Unter *Modulauswahl* sind aus der linken Liste jene Geräte zu übernehmen, die man im Haus-Steuerungs-System anwenden möchte.

25.2 Programmierung

Geräts eindeutig benennen, beispielsweise „Schaltsteckdose 1 Wohnzimmer“. So behält man leicht den Überblick.

Jedes Gerät, das man in die Liste *verwendete Module* übernommenen hat, ist nach drücken der Schaltfläche *Bearbeiten* individuell konfigurierbar. Die dabei geöffneten Untermenüs ermöglichen je nach ausgewähltem Gerät unterschiedliche Funktionen.

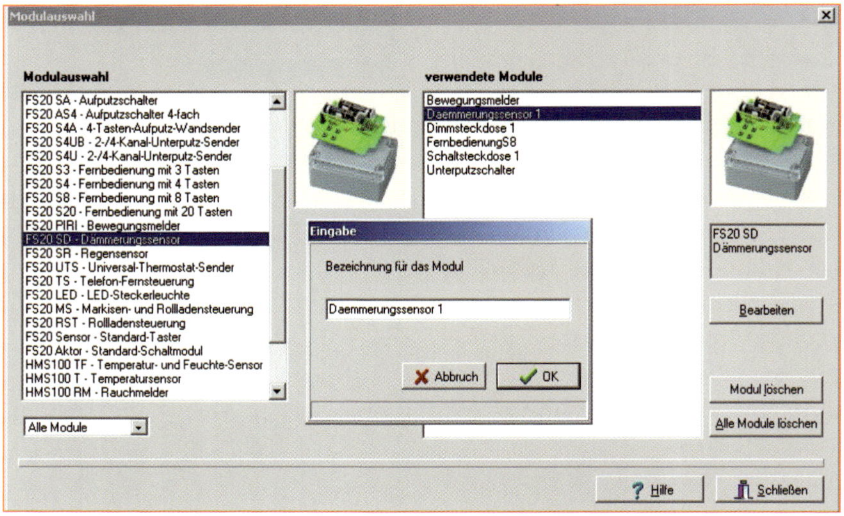

Abb. 25.4 – Die übernommenen Geräte können auch einen individuellen Namen erhalten, Sonderzeichen akzeptiert die Software dabei nicht.

Adressen zuordnen

Um die funkbasierte Haus-Steuerungs-Anlage mit dem PC regeln zu können, muss man die Adressen der einzelnen Geräte zuordnen und so ins System integrieren. Hauscode, Adressgruppe und Unteradresse sind dabei im Modulmenü im Feld *Adresse* einzutippen – und das ist wichtig: Denn nicht nur das PC-Interface, sondern auch die Sender des Haussteuersystems steuern die verwendeten Funkempfänger. Das können Auf- und Unterputz-Schalter, Bewegungsmelder oder Funkdimmer sein.

Funktionen der Geräte festlegen

Man muss bei jedem Funkempfänger oder Sender abhängig von der Geräte-Art das Verhalten, also die Steuerfunktionen festlegen und in einem Makro definieren. Das ist das Wichtigste bei der Programmierung

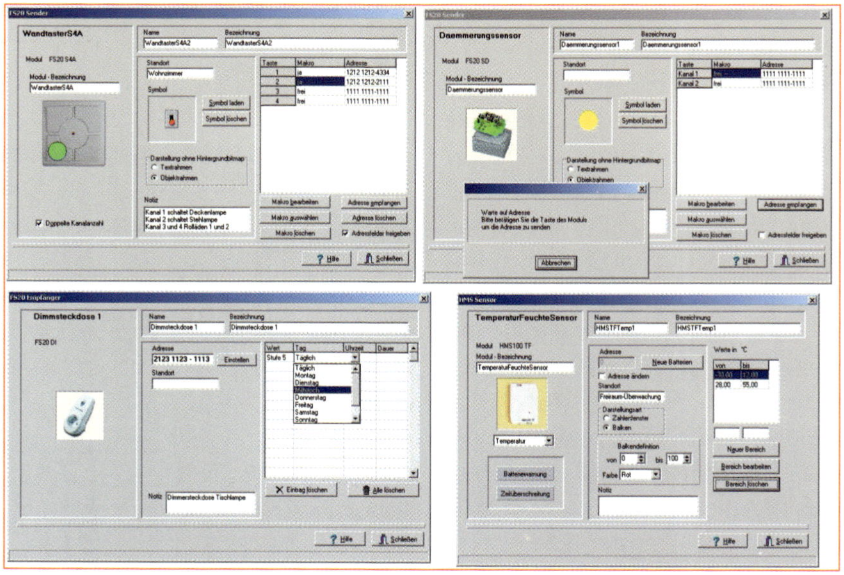

Abb. 25.5 – Einige Beispiele für Untermenüs verschiedener Funksteuer-Komponenten. Hier ist bei Sendern einzugeben, in welcher Betriebsart sie arbeiten und welche Adressen ihren Kanälen zugeordnet sind. In den Untermenüs sind auch umfangreiche Timerfunktionen programmierbar.

der verwendeten Module. Ein Makro kann zum Bespiel die Belegung der Tastenfunktionen eines Senders beinhalten. Die Gerätemodule enthalten auch Notizfelder und erlauben so, Details zu den Funktionen des Geräts zu hinterlegen – man kann beispielsweise alle Kanalfunktionen eines Handsenders notieren. Bei fest installierten Geräten lassen sich auch Einbauort und ausgeführte Funktionen benennen.

Mit *Schließen* werden alle Modul-Einträge übernommen. Zuletzt darf man nicht vergessen, das Projekt, also die Datei mit den programmierten Geräten, zu speichern. Man kann auch mehrere Projekte anlegen, die bei Bedarf in die Software der PC-Funk-Schnittstelle geladen werden. Das hilft, neue Funktionen in einem gesonderten Projekt auszuprobieren, bevor man dieses in die bereits laufende Haussteuerung integriert.

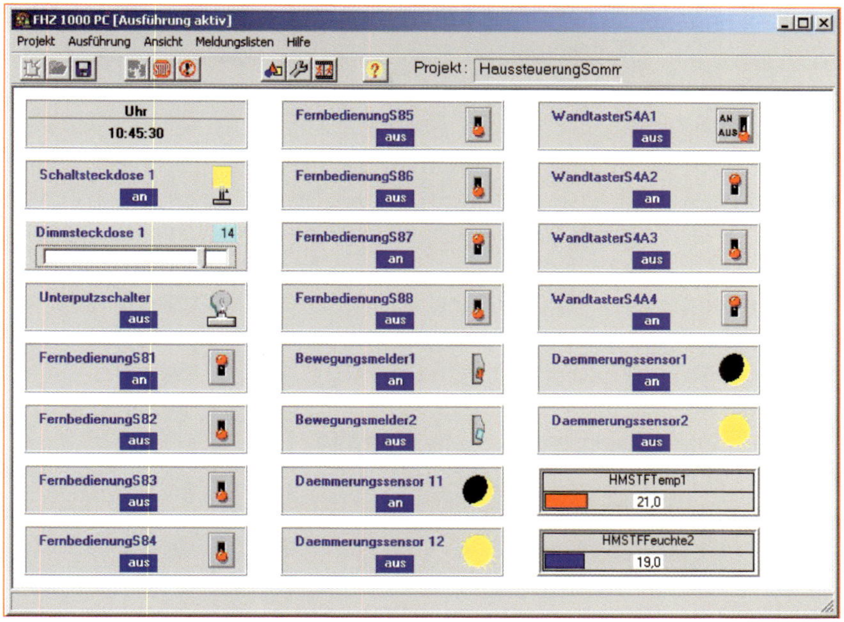

Abb. 25.6 – PC-Bedienungsoberfläche für zu schaltende Geräte: Mit der Maus lässt sich zum Beispiel die Helligkeit der Stehlampe regeln.

Bedienung

Nachdem man das gewünschte Projekt in die Software geladen hat, wählt man in der Menü-Kopfzeile *Ausführen* und klickt dort auf die Schaltfläche *Starten*. Nun werden alle programmierten Geräte in einer schematischen Darstellung gelistet. Jedes Gerät entspricht dabei einem separaten grauen Kästchen. Es enthält die genaue Bezeichnung, die wir zuvor beim Programmieren eingegeben haben, ein Funktionssymbol und die Statusmeldung *an* oder *aus*. Klickt man jetzt mit der linken Maustaste auf ein Gerät, schaltet es das PC-Interface über einen Sendebefehl. Dabei ändern sich Statusmeldung und Funktionssymbol. So lässt sich auch bequem die gewünschte Raumtemperatur einstellen, weil Komponenten des funkbasierten Heizsystems die aktuelle Temperatur an das

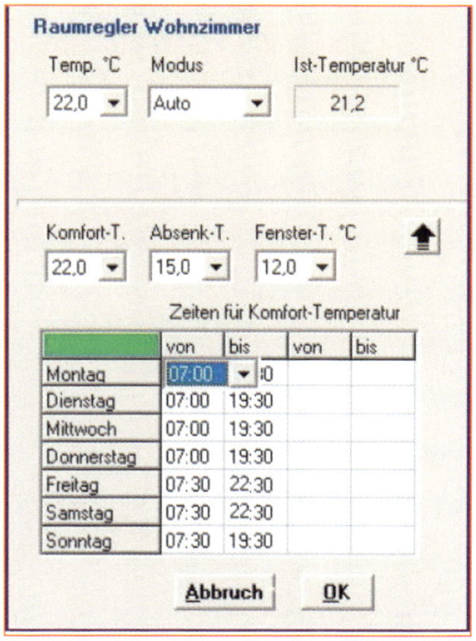

Abb. 25.7 – Bidirektionaler Datenaustausch mit dem Heizungsregler.

25.2 Programmierung

Interface übermitteln. Da das Funk-Heizsystem und die Software Daten austauschen, kann man sich die programmierten Tagesprogramme eines Thermostats anzeigen lassen und bei Bedarf editieren. Da der PC-Monitor auch den Schaltzustand von aktiven Fenstermeldern des Funk-Heizsystems anzeigt, kann man beispielsweise sehen, wo zu lange gelüftet wird. Insgesamt erlaubt die Darstellung einen guten Überblick über den Heizstatus oder auch darüber, welche Lampen leuchten, weil der PC-Monitor den Schaltzustand sämtlicher Geräte anzeigt, die die Funkschnittstelle steuert.

Überblick über gesetzte Makros behalten

Die Programmierung umfangreicherer Projekte lässt schon einmal den Überblick über die gesetzten Makros verlieren. Damit das nicht passiert, erhält man im Projektmenü unter *Einstellungen* und dort bei *Objekte* den schnellen Überblick. Das gewünschte Gerät ist dafür aus der Liste auszuwählen und die Schaltfläche *Bezüge anzeigen* anzuklicken. Nun listet der PC-Bildschirm die Makros, in die das Gerät eingebunden ist.

Viele Features in der Praxis

Im Menüpunkt *Allgemein* sind einige grundlegende Parameter einzustellen. Mit *Letztes Programm starten* kann man festlegen, dass mit dem Start der Funk-Schnittstellen-Software automatisch die zuletzt verwendete Projektdatei geladen wird. *Keine Verbindung zur Hardware herstellen* erlaubt das Testen von neuen Projektfiles oder Projekteintragungen, ohne dass dabei die Geräte angesteuert werden. In diesem Untermenü kann man auch den Hauscode des Haus-Steuerungs-Systems oder den Zentralcode der Funkheizung ändern.

Ein interessantes Feature mancher programmierbarer Zeitfenster ist die Ausführung von Steuerbefehlen zum Sonnenaufgang und zum Sonnenuntergang. Damit ist es möglich, verschiedene Aktionen wie das Ausfahren oder Herunterlassen von Rollläden der Tageslänge der unterschiedlichen Jahreszeiten anzupassen. Außerdem kann man mit der Funkschnittstelle E-Mails mit definiertem Befehlsinhalt absenden und empfangen und kann so aus der Ferne über das Internet verschiedene Geräte steuern. Beispielsweise, wenn man vom Arbeitsplatz bei aufkommenden Regen die elektrischen Dachluken schließen möchte. Durch mehrere Sicherheitsebenen wie Zeitfenster, Berechtigungen, Schlüsseltexte ist die Anlage auch vor unberechtigten Zugriffen geschützt.

25.3 Anwesenheit simulieren schützt vor Langfingern

Die Anwesenheit zu simulieren, gaukelt bei längerer Abwesenheit vor, dass man zu Hause ist und schützt so vor ungebetenem Besuch. Um die Simulation zu programmieren, ist im Projektmenü unter *Projekt* die Schaltfläche *Anwesenheitssimulation* anzuklicken. Damit öffnet sich ein Untermenü, das in tabellarischer Form alle zu programmierenden Geräte listet, die in einem bestimmten Zeitraum starten sollen. Man kann damit festgelegen, welches Gerät das Funkinterface an welchen Tagen wann und wie lange zufällig schalten soll, um so eine perfekte Anwesenheit zu simulieren. Sie lässt kaum darauf schließen, dass etwa die ein- und ausgeschalteten Beleuchtungskörper vollautomatisch gesteuert werden.

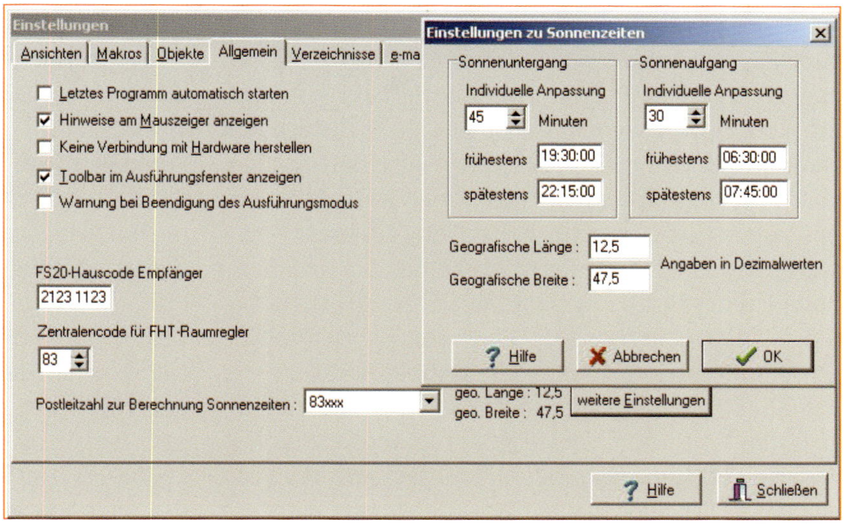

Abb. 25.8 – Beim Programmieren der Anwesenheitssimulation lässt sich festgelegen, in welchem Zeitfenster das Funkinterface die Beleuchtung eines Raumes variabel ein- und später wieder ausschalten soll.

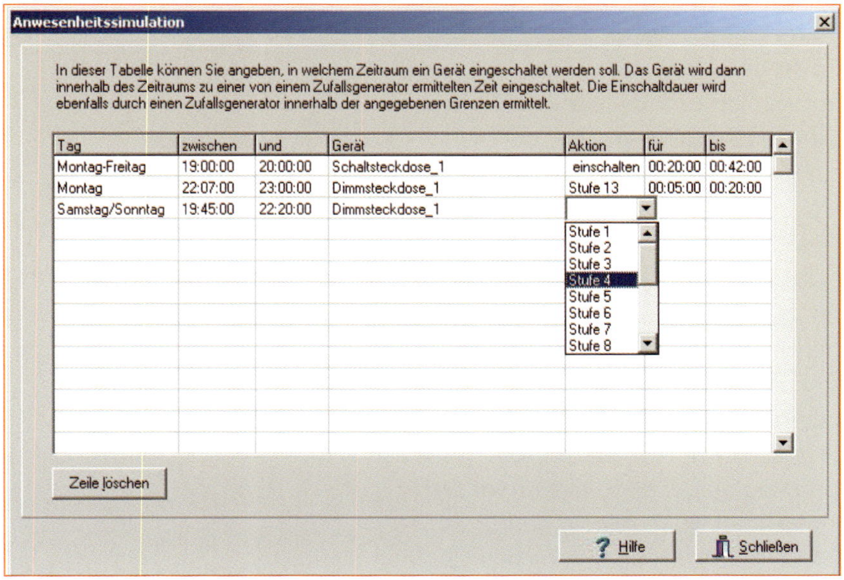

Abb. 25.9 – In der Tabelle legt man im Detail fest, welche Geräte in welchem Zeitraum per Zufallsgenerator geschaltet werden.

25.4 PC-Funk-Schnittstelle in der Praxis

Ein Beispiel aus der Praxis soll im Folgenden zeigen, wie man Funkkomponenten mit dem PC steuern kann und welche Programmierschritte dafür erforderlich sind. Ein Handsender soll dabei eine Funksteckdose steuern und damit eine Lampe ein- und ausschalten, aber nicht direkt, sondern über das PC-Interface. Um das zu erreichen, sind für beide Geräte Makros anzulegen, um dadurch unterschiedliche Abläufe und Funktionen miteinander zu verknüpfen. So kann ein Tastendruck den Handsender und die Funksteckdose gemeinsam steuern oder andere komplexe Abläufe wie den Start bestimmter PC-Programme auslösen. Gleichzeitig lässt sich die Funksteckdose in andere Prozesse wie die Zeitsteuerung oder Anwesenheitssimulation einbinden. Nachdem die Software der Funkschnittstelle gestartet wurde, ist ein neues Projekt anzulegen. Dazu ist in der Taskleiste *Projekt* und darin *Neu* anzuklicken. Danach gibt man dem Projekt im geöffneten Fenster einen Namen und speichert es darunter.

Zu steuernde Geräte auswählen und benennen

Damit das PC-Interface die Funksteckdose und den Handsender steuern kann, sind zunächst beide Geräte in den Projekt-Untermenüs auszuwählen. Dafür ist im Projektmenü *Modulauswahl* anzuklicken. Aus der linken Liste suchen wir die Schaltsteckdose und markieren sie mit einem Mausklick. Danach übernehmen wir sie in die rechte Liste *verwendete Module*, indem wir auf den roten Pfeil in der Mitte drücken. Bevor das Gerät übernommen wird, fordert ein kleines Fenster zur Eingabe der Bezeichnung für das Modul auf. Hat man den Namen eingetippt, lässt sich *Funksteckdose* mit *OK* übernehmen. Um die Fernbedienung auszuwählen, ist analog vorzugehen.

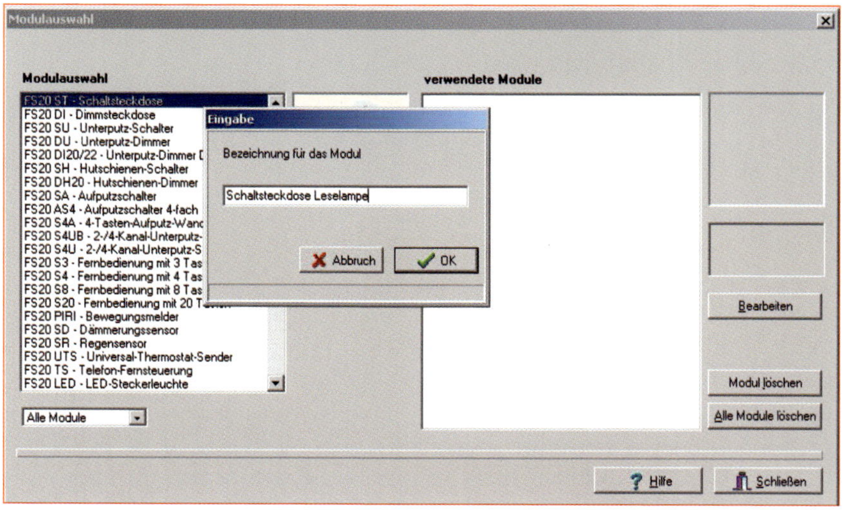

Abb. 25.10 – Zuerst wählen wir eine Funksteckdose aus, die eine Leselampe schalten soll. Diese Funktion deutet bereits der Name an, den wir diesem Empfänger geben.

Funksteckdose konfigurieren

Da man sie in die Liste *verwendete Module* übernommen hat, ist sie nach Drücken der Schaltfläche *Bearbeiten* individuell konfigurierbar. Im geöffneten Fenster *FS20 Empfänger* kann man dabei den Namen oder die Bezeichnung der Funksteckdose individuell ändern. Name und Bezeichnung verwendet das Programm dabei synonym. Bei den Makros ist von *Name* die Rede, beim angezeigten Programmablauf dagegen von *Bezeichnung*. Damit man die Funksteckdose schnell wieder findet, ist es empfehlenswert, den Montage-Ort mit in die Bezeichnung einzutragen und ein Funktionssymbol auszuwählen, das das Gerät anzeigt. Neben den, von der Software bereitgestellten Grafiken, kann man dafür auch eigene Bitmaps verwenden. In der

25.4 PC-Funk-Schnittstelle in der Praxis

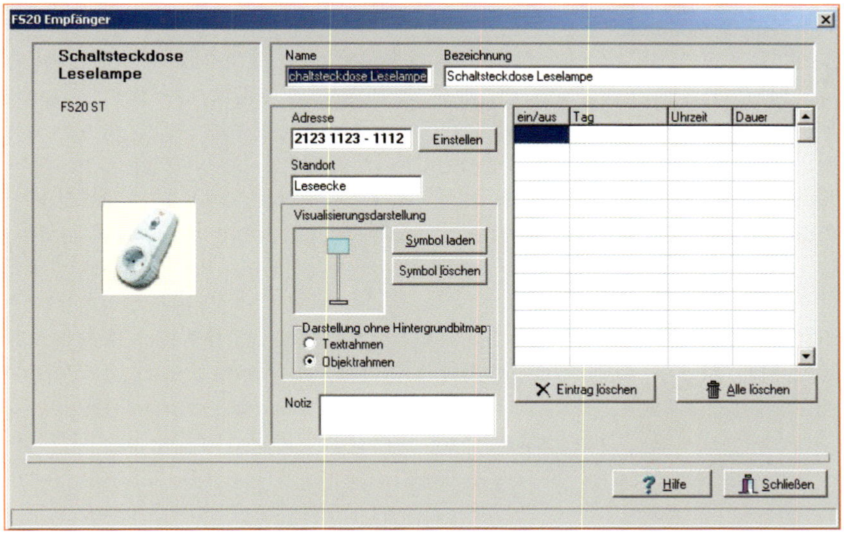

Abb. 25.11 – Im Untermenü tippen wir die Adresse ein, die die Funksteckdose besitzen soll. Wir haben außerdem den Standort der Lampe und so den Montage-Ort des Funkschalters eingetragen.

rechten Tabelle kann man außerdem mehrere Timeraktionen programmieren.

Für die Verknüpfung der Funksteuer-Komponenten sind die Adressen entscheidend. Die Software schlägt zunächst eine Adresse vor, die änderbar ist. Bei der Programmierung der PC-Steuerung ist dabei eine Besonderheit gegenüber der üblichen Programmierung fürs Haus-Steuerungs-System zu beachten: Damit nicht die Fernbedienung, sondern das PC-Interface die Funksteckdose schaltet, sind Sender und Funkempfänger unterschiedliche Hauscodes zuzuteilen. So verhindert man Fehl- und Doppel-Schaltungen. Um den fertigen Adresscode vom PC-Interface an den Funkschalter zu übertragen, versetzt man die Funksteckdose in den Programmiermodus. Dazu ist die eingebaute Taste für rund 15 Sekunden zu drücken, bis die Leuchtdiode zu blinken beginnt. Ein Mausklick auf die Schaltfläche *Einstellen* überträgt jetzt den Adresscode vom PC-Interface an den Funkschalter. So ist die Programmierung des Empfängers abgeschlossen, und man kann das Untermenü *FS20 Empfänger* mit *Schließen* beenden.

Fernbedienung konfigurieren

Hat man der Fernbedienung analog zur Funksteckdose einen Namen verpasst, geht es ans Konfigurieren. Dazu gelangt man mit der Schaltfläche *Bearbeiten* ins Untermenü *FS20 Sender* und sieht dort eine große Fernbedienung. Links darunter lässt sich der Handsender durch Setzen eines Häkchens in den Acht-Kanal-Betrieb schalten. Wir entscheiden uns allerdings, den Vier-Kanal-Betrieb beizubehalten.

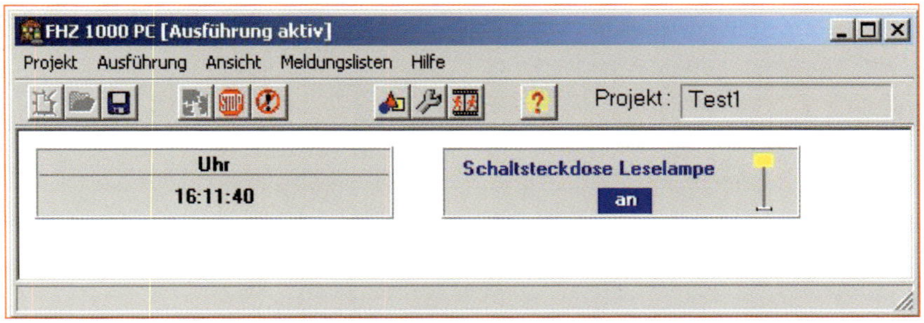

Abb. 25.12 – Klickt man im Menü der Funkschnittstelle auf *Ausführen*, kann man den Funkschalter über den PC steuern.

25.4 PC-Funk-Schnittstelle in der Praxis

Für die Fernbedienung vergibt die Software im Gegensatz zur Funksteckdose keine automatisch generierte Adresse, da man die Codes des Handsenders an das PC-Interface überspielen muss. Dazu ist zuerst der Funkkanal auszuwählen, dessen Adresscode überspielt werden soll. Das kann durch Anklicken der Kanaltasten in der Grafik links geschehen oder durch Auswählen der gewünschten Reihe in der Tabelle rechts in der Spalte *Makro*. Ist der Funkkanal ausgewählt, klickt man auf die Schaltfläche *Adresse empfangen*. Eine Einblendung fordert nun auf, die Taste der Fernbedienung zu drücken, wodurch der vollständige Adresscode überspielt und von der Software angezeigt wird. Um alternativ den Adresscode per Hand einzugeben, ist die Option *Adressfelder freigeben* zu aktivieren.

Wir erinnern uns: Beide nun programmierten Geräte arbeiten mit unterschiedlichen Codes. Nun ist die Verbindung zwischen Fernbedienung und der Funksteckdose über ein Makro herzustellen. Es legt fest, dass beim Drücken einer Taste aus der ersten Reihe der Fernbedienung, die Funksteckdose einen Steuerbefehl zum Schalten annimmt.

Ein Makro erstellen

Zum Starten des Makromenüs ist im Sendermenü die Schaltfläche *Makro bearbeiten* anzuklicken, und ein gleichnamiges Untermenü öffnet sich. Rechts suchen wir im Pull-down-Menü *Objekt schalten/steuern* unser bereits generiertes Gerät *Schaltsteckdose Leselampe*. Beim Übernehmen dieses Funkschalters öffnet sich das Fenster *Anweisung erstellen*, wo wir die Option *gleich wie* auswählen. Sie besagt, dass die Tasten der Fernbedienung so genutzt werden, wie es die Grundfunktionen des Systems vorsehen. Daraufhin öffnet sich ein weiteres Pull-down-Menü, in dem wir *Fernbedienung S81* anwählen. Die Bezeichnung „S81" bedeutet, dass es sich um die von uns zuvor festgelegte FS20-Fernbedienung S8 handelt, bei der das Tastenpaar 1 zum Ausführen der Aktion vorgesehen ist. Nachdem man die Eingabe mit *OK* bestätigt hat, ist im

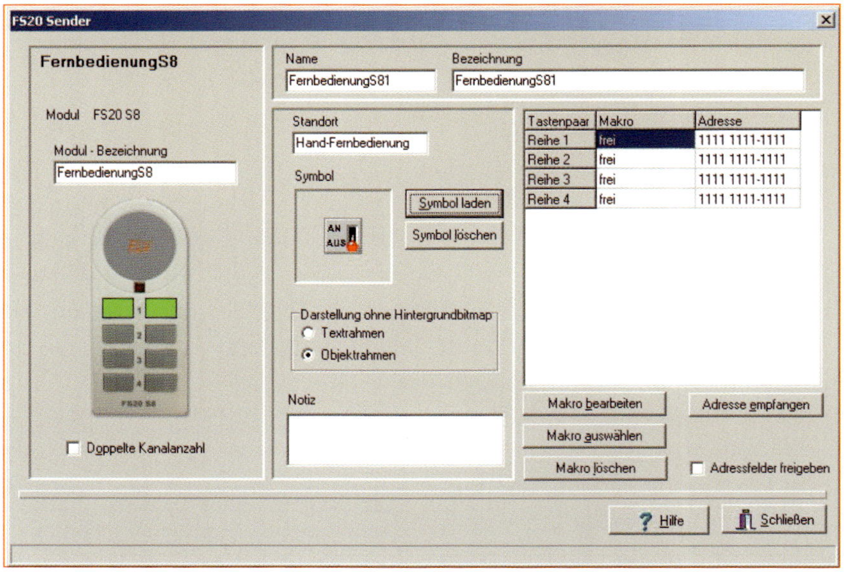

Abb. 25.13 – Hier tragen wir in der ausgewählten Fernbedienung alle erforderlichen Parameter ein. Rechts unten kann man mit *Makro bearbeiten* ein Makro anlegen.

Makro-Bearbeitungs-Fenster das selbst generierte Makro nachzulesen. Nun sind die nicht mehr benötigten Untermenüs zu beenden. Zuletzt wird im Hauptmenü der Funkschnittstelle das eben programmierte File gespeichert. Startet man jetzt die Datei mit einem Mausklick auf *Ausführen*, kann man mit der Fernbedienung über das PC-Funk-Interface den Funkschalter steuern.

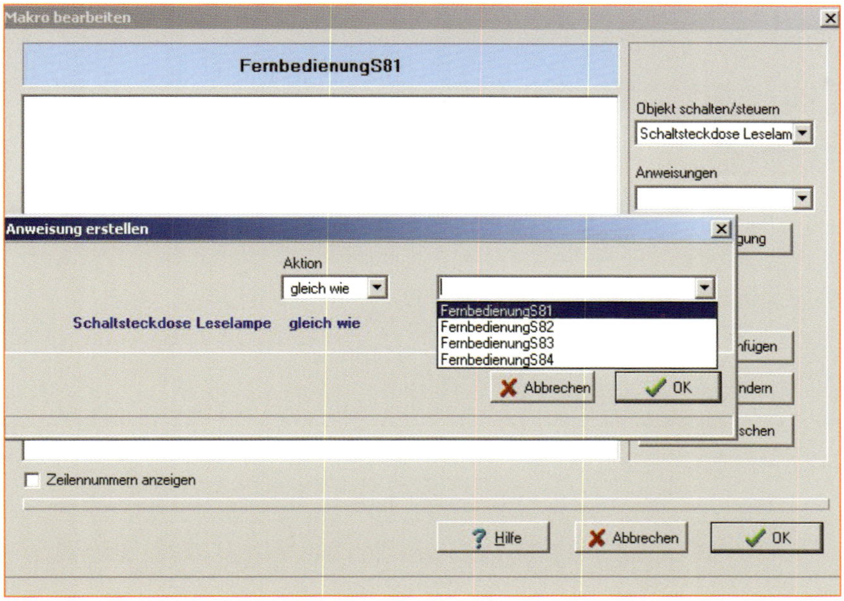

Abb. 25.14 – Im Makromenü sucht man sich zuerst das Gerät aus, das man steuern möchte. Die Option *gleich wie* besagt, dass die Tasten der Fernbedienung entsprechend der System-Grundfunktionen genutzt werden.

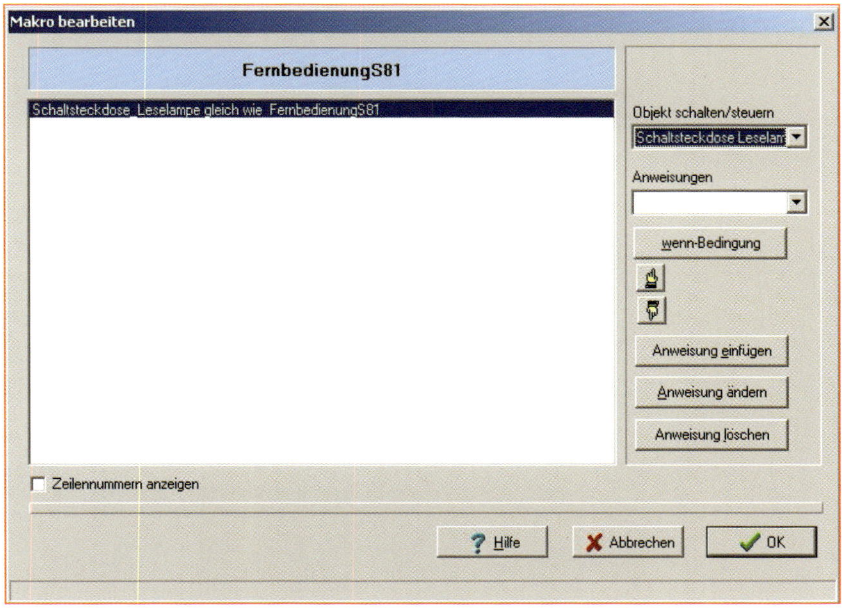

Abb. 25.15 – Das Makro-Bearbeitungs-Fenster listet den ausgewählten Schaltbefehl im Klartext.

25.4 PC-Funk-Schnittstelle in der Praxis

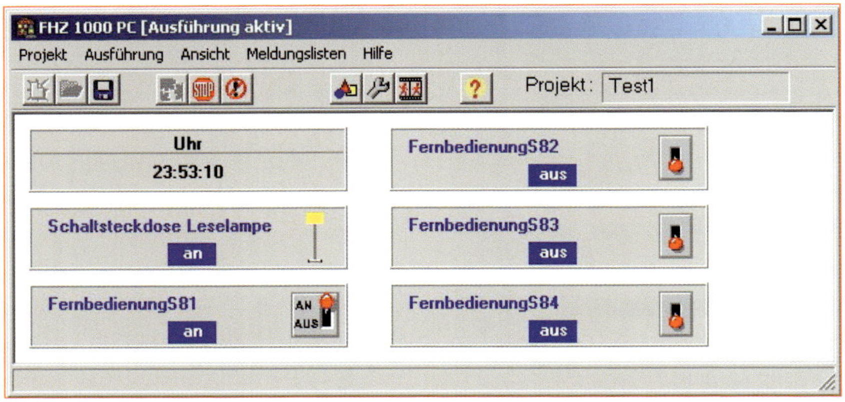

Abb. 25.16 – Das Hauptmenü der Funkschnittstelle startet unter *Ausführen* die eben programmierte Anwendung.

Nahezu unbegrenzte Steuermöglichkeiten

Die vielen Steuermöglichkeiten, die das PC-Funk-Interface zulässt, können ein ganzes Buch füllen. Das Gerät ist dabei leicht zu programmieren. Entscheidend ist, den Umgang mit der Software zu beherrschen, die logisch aufgebaut ist und keine dicken Ratgeber erfordert, um ihre Geheimnisse zu lüften. In der Praxis genügt es deshalb, sich ein wenig mit der Bedienungsoberfläche vertraut zu machen. Makros können auch wesentlich umfangreicher sein als bisher beschrieben und mehrere Geräte umfassen sowie komplexe Steuerungen beschreiben. Bevor man umfangreichere Steuerungen mit mehreren Geräten programmiert, muss man sich über den gewünschten Ablauf im Klaren sein und sich fragen, ob die vorgesehenen Schritte einer logischen Reihenfolge entsprechen. Ist dies der Fall, steht der erfolgreichen Anwendung der PC-Funk-Schnittstelle nichts mehr im Wege.

26 KeyMatic öffnet Tür und Tor per Knopfdruck

26 KeyMatic öffnet Tür und Tor per Knopfdruck

Tür auf, Tür zu per Knopfdruck – das macht KeyMatic. Bevor man seine Einkäufe aus dem Auto lädt, lässt sich so bequem die Tür mit einem kleinen Schlüsselbundsender öffnen. Ob Haustür, Nebeneingang, Lager- oder Wohnungstür – sofern ein Standard-Schließzylinder mit Gefahren- und Notfunktion verwendet wird, kann man KeyMatic einsetzen. Das System besteht mit dem Funk-Codeschloss, dem Funk-Türschloss-Antrieb und einem superkompakten Funksender im Schlüsselanhänger-Format aus drei Komponenten. Der Minisender steuert den Türschlossantrieb und sendet dabei die Steuerbefehle verschlüsselt mit einem Wechselcodeverfahren. Das garantiert zusammen mit einem bis zu achtstelligen Benutzercode höchste Sicherheit. Den Türschlossantrieb montiert man direkt auf den Schließzylinder und bewegt diesen über den eingesteckten, zum Schloss gehörenden Schlüssel. Das Funk-Codeschloss kann man mit einem Batteriesatz bis zu drei Jahre stromausfallsicher betreiben oder alternativ mit einem externen Netzteil, das zwischen 8 und 12 Volt Gleich- oder Wechsel-Spannung liefert. Da Klingelanlagen diese Niedervoltspannung nutzen, steht eine externe Stromquelle bereit. Neben der Bedienung vor Ort besitzt das Codeschloss einen eingebauten Sender, der beliebige Komponenten des funkbasierten Haus-Steuerungs-Systems bei freier Sicht bis zu einer Entfernung von 100 m schaltet. Das Codeschloss lässt sich für bis zu 20 Nutzer einrichten – jeden erkennt das Gerät an seinem zugeordneten Code und begrüßt ihn so individuell. Der Administrator kann eine Liste der vergangenen 39 Aktionen einsehen. Damit sind Codeeingaben, Fehl- und Zwangs-Code-Eingaben gemeint. Insgesamt sind bis zu 102 Zugangszeiten programmierbar. So lassen sich zum Beispiel befristete Zugangsberechtigungen für das Reinigungspersonal realisieren.

26.1 Codeschloss schaltet viele Funkempfänger

Das Codeschloss kann beliebige Funkempfänger des vorgestellten Haus-Steuerungs-Systems schalten. Es spricht beispielsweise einen Funkschalter an, der so beim Öffnen der Haustür automatisch das Licht einschaltet. Setzt man es zusammen mit der Funk-Haus-Zentrale ein, kann die Geräte-Funktions-Taste des Codeschlosses bequem ein ganzes Szenario von Schaltbefehlen beim Verlassen oder Betreten des Hauses auslösen. Diese sind über Makrofunktionen geregelt, die in der Funkzentrale gespeichert sind, die den Funkruf des Codeschlosses empfangen und auswerten kann. Dabei sind über die Makrofunktionen der Funkzentrale beliebige Verknüpfungen mit den Komponenten des funkbasierten Haus-Steuerungs-Systems und sogar der Funkheizung möglich. So lässt sich per Knopfdruck auf die Funktionstaste des Codeschlosses eine komplette Anwesenheitssimulation beim Verlassen des Hauses starten – oder das Licht ausschalten, die Heizung absenken und Markise sowie Garagentor einfahren oder schließen. KeyMatic passt außerdem gut zum Signalgeber des Haussteuersystems, den die Funktionstasten des Codeschlosses steuern. Er kann so beispielsweise einen Besucher melden.

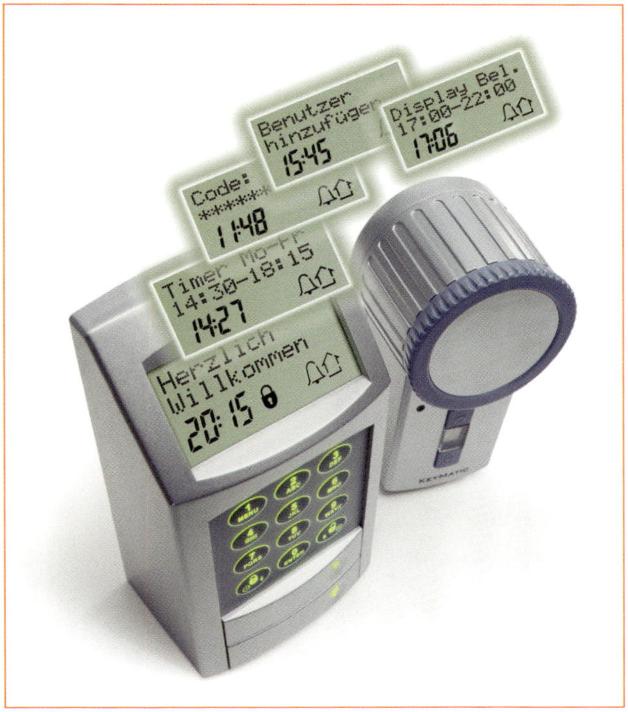

Abb. 26.1 – Das funkbasierte Türöffnersystem erlaubt das Programmieren verschiedener Zugangsberechtigungen. Damit kann man festlegen, in welchem Zeitraum etwa das Reinigungspersonal Zutritt hat.

26.1 Codeschloss schaltet viele Funkempfänger

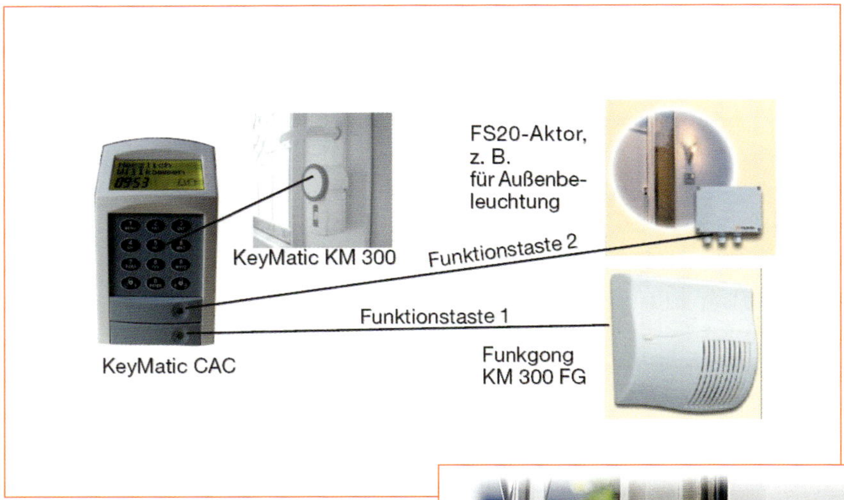

Abb. 26.2 – Die KeyMatic-Geräte sichern nicht nur Räume vor ungebetenen Gästen. Sie harmonieren auch mit dem funkbasierten Haus-Steuersystem, so dass sich beim Öffnen einer Tür gleichzeitig das Licht einschalten lässt.

Abb. 26.3 – Dank KeyMatic hat der alte Schlüsselbund ausgedient.

27 Audio-Video-Selector steigert Fernsehkomfort

Mit dem Audio-Video-Selector kann man unterschiedliche Audio- und Video-Eingänge und daran angeschlossene AV-Geräte auswählen, um sie so mit dem Fernseher zu verbinden. Als Videogeräte kommen dabei Sat-Receiver, die Set-Top-Box beim digitalen Antennenfernsehen DVB-T, Videorekorder oder ein DVD-Player infrage. Der AV-Selector oder AV-Wahlschalter besitzt drei Scart-Eingangs-Buchsen, von denen zwei neben S-Video- auch RGB-Signale verarbeiten. Die über die Scarteingänge oder den Cinch-AV-Eingang zugespielten Signale gibt das Gerät über eine Scartbuchse oder einen Cinch-AV-Ausgang an den Fernseher weiter. Im manuellen Betrieb sind die angeschlossenen AV-Geräte, die so genannten AV-Eingangsquellen, mit den eingebauten Tasten des AV-Wahlschalters oder über die mitgelieferte Fernbedienung des Haussteuersystems auszuwählen. Alternativ kann der Wahlschalter die AV-Eingangsquelle auch automatisch auswählen, indem er sich an den Videosignalen orientiert, die an den Eingangsbuchsen anliegen. Eine programmierbare Vorrangschaltung sorgt dafür, dass das Gerät angeschlossene AV-Geräte nach einer festlegbaren Priorität auswählt.

27.1 Fernbedienung und AV-Wahlschalter aufeinander abstimmen

Da im Auslieferungszustand die Fernbedienung und der AV-Wahlschalter noch nicht zusammenarbeiten, muss man beide Geräte aufeinander abstimmen. Dazu sind am AV-Selector die Tasten 1 und 4 für fünf Sekunden gedrückt zu halten, bis alle vier Leuchtdioden zu blinken beginnen. Anschließend wählt man die erste AV-Eingangs-Buchse durch Drücken der zugeordneten Eingangs-Wahltaste, so dass die LED, die zu diesem Kanal gehört, dauerhaft leuchtet. Danach ist kurz die Taste der Fernbedienung zu drücken, die diesen Eingang des AV-Wahlschalters schalten soll. Sobald dieser den Befehl erkannt hat, blinken wieder alle vier Leuchtdioden. Man kann so auch den zweiten Kanal des Auswahlschalters einer Taste der Fernbedienung zuordnen, indem man die Eingangs-Wahltaste seines zweiten Kanals drückt – gleiches gilt für die Kanäle 3 und 4. Sind die Befehle der Fernbedienung den AV-Eingangs-Buchsen zugeordnet, lässt sich die Programmierung beenden, indem man die Tasten 1 und 4 des AV-Wahlschalters für fünf Sekunden drückt. Nicht nur die mitgelieferte Fernbedienung, auch alle Sender des vorgestellten Haussteuersystems können den AV-Wahlschalter steuern, der so viele Anwendungen zulässt.

Mit zwei Mit zwei Funkkanälen alle AV-Eingangs-Buchsen nutzen

Die Fernbedienung (S 8) des AV-Wahlschalters ist im Auslieferungszustand auf Vier-Kanal-Betrieb programmiert, so dass zwei Tasten zu einem Funkkanal gehören. Die linke ist für den Ausschaltimpuls, die rechte für das Einschaltsignal zuständig. Der AV-Auswahlschalter AVS 5 kann so programmiert, dass nur zwei Kanäle der Fernbedienung belegt werden. Die Tasten „AUS" und „EIN" eines Kanals können dabei unterschiedlichen Eingangsbuchsen des AVS 5 zugewiesen werden. Mit der linken Taste „AUS" von Kanal 1 wird z. B. der Eingang 2 (VCR) vom AVS 5 und mit der rechten Taste „EIN" wir der Eingang 3 (DVD) aktiviert. Die Zuordnung ist dabei frei wählbar. Die Tasten für die Kanäle 3 und 4 stehen so für zwei weitere Funkempfänger des Haus-Steuerungs-Systems bereit, die man dabei wie gewohnt über je eine Ein- und Aus-Taste des Handsenders schaltet.

27.2 Mitgelieferte Fernbedienung steuert auch Funkschalter

Sofern die mitgelieferte Fernbedienung ausschließlich den AV-Selector schalten soll, braucht man sie nicht auf den Hauscode zu programmieren, mit dem die übrigen Funkkomponenten des Haus-Steuerungs-Systems arbeiten. Man verschenkt dadurch allerdings viele Anwendungen – denn die nicht benötigten Tasten des Handsenders lassen sich gewinnbringend für weitere Funktionen nutzen. So kann beispielsweise das Steuersignal der Fernbedienung alle AV-Geräte über eine Funksteckdose zentral ein- und ausschalten. Das spart die Stromkosten für den Stand-by-Betrieb. Möchte man fernsehen, lassen sich mit dem ersten Kanal-Tasten-Paar des Handsenders alle AV-Geräte auf Bereitschaft schalten. Mit den nächsten vier Tasten, die den Funkkanälen des AV-Wahlschalters zugeordnet sind, kann man jetzt das gewünschte Videogerät auswählen – egal, ob Sat-Receiver, DVB-T-Empfänger, Videorekorder oder DVD-Player. Soll das Licht der Lampen im Wohnzimmer beim Fernsehen nicht zu hell leuchten, lässt sich mit dem verbliebenen Tastenpaar der Fernbedienung außerdem ein Funkdimmer regeln. So kann man mit der Fernbedienung alle AV-Geräte steuern und zugleich für eine angenehme Atmosphäre sorgen. Um diese Anwendung zu realisieren, ist die Fernbedienung des AV-Wahlschalters zuerst auf den Hauscode zu programmieren, den auch das Haus-Steuerungs-System nutzt. Den Funkkanälen des Handsenders, die Funkschalter und Funkdimmer steuern sollen, sind außerdem die verwendete Adressgruppe und bei den Geräten die verwendeten Unteradressen zuzuordnen.

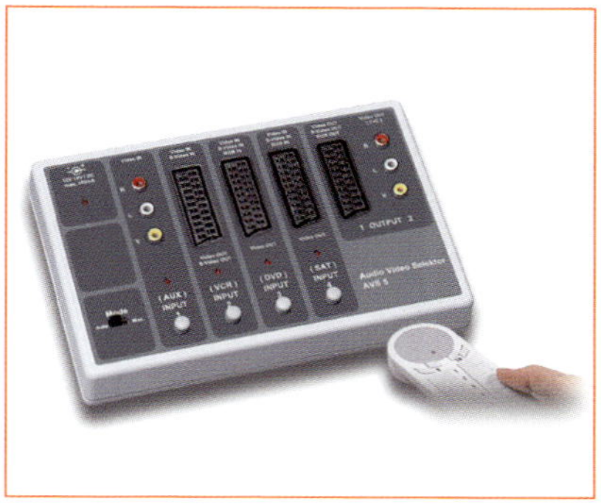

Abb. 27.1 – Der Audio-Video-Selector schaltet per Funk bis zu vier AV-Geräte oder direkt vor Ort über die eingebauten Tasten.

Bezugsquellen für alle in diesem Buch beschriebenen Haus-Steuerungs-Komponenten:

ELV Elektronic AG
Maiburger Straße 23-36
26789 Leer
Tel. 0491 / 60 08 88
E-Mail: elv@elv.de

Conrad Elektronic SE
Klaus-Conrad-Straße 1
92240 Hirschau
Tel. 0180 / 531 21 11
E-Mail: webmaster@conrad.de

Stichwortverzeichnis